LES CHANGES

ET

LES ARBITRAGES

RENDUS FACILES ET CORRECTS

PAR

HIPPOLYTE VANNIER

Directeur de l'École supérieure de Commerce du Havre.

OUVRAGE EXTRAIT DU COURS DE BUREAU COMMERCIAL PROFESSÉ PAR L'AUTEUR

PARIS

LIBRAIRIE CH. DELAGRAVE

58, RUE DES ÉCOLES, 58

LOUIS COLAS & Cⁱᵉ, LIBRAIRES-ÉDITEURS, RUE DAUPHINE, 26

1877

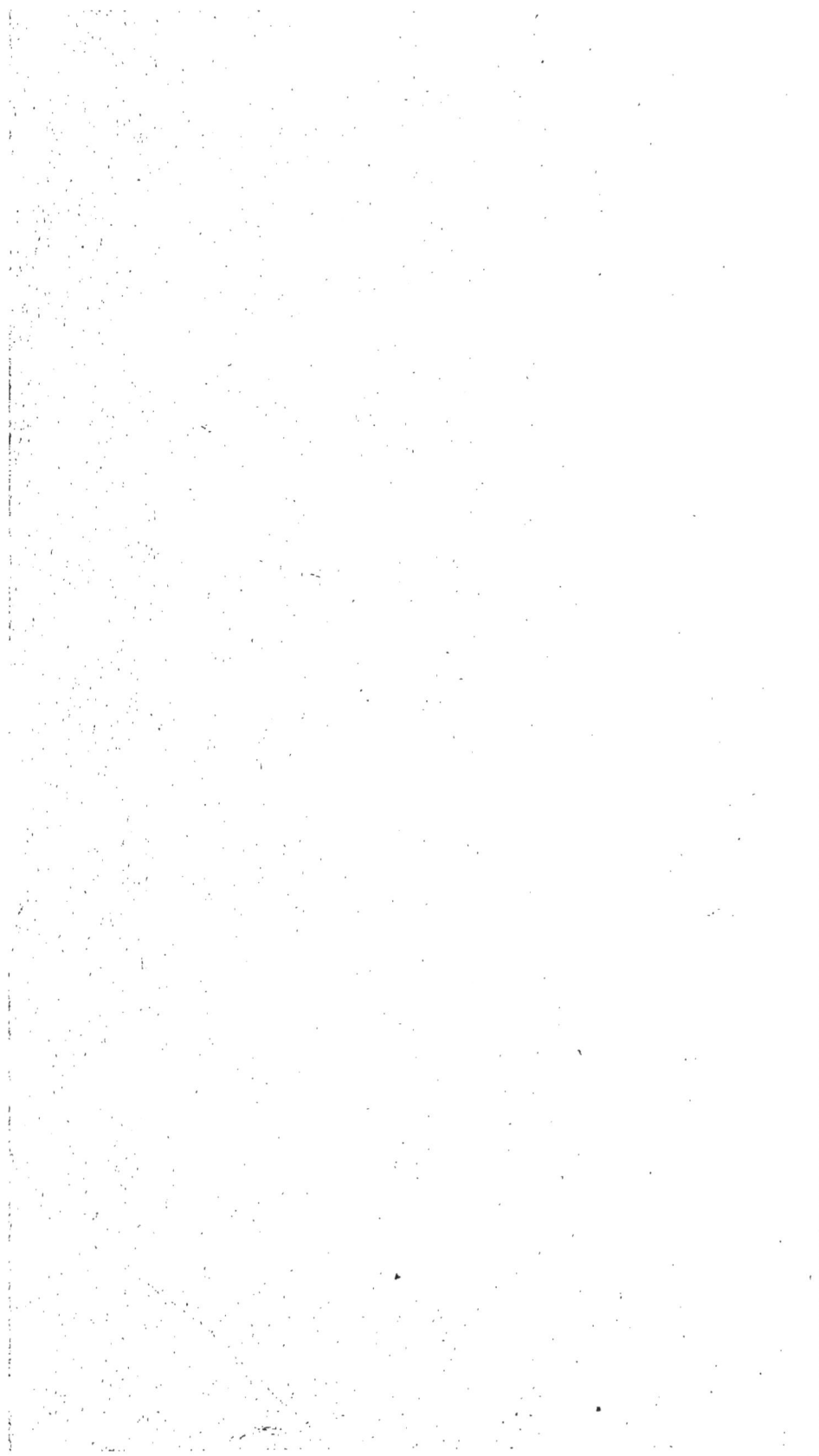

LES CHANGES

ET

LES ARBITRAGES

LES CHANGES

ET

LES ARBITRAGES

RENDUS FACILES ET CORRECTS

PAR

HIPPOLYTE VANNIER

Directeur de l'École supérieure de Commerce du Havre.

OUVRAGE EXTRAIT DU COURS DE BUREAU COMMERCIAL PROFESSÉ PAR L'AUTEUR

PARIS

LIBRAIRIE CH. DELAGRAVE

58, RUE DES ÉCOLES, 58

LOUIS COLAS & Cie, LIBRAIRES-ÉDITEURS, RUE DAUPHINE, 26

1877

Tout exemplaire de cet ouvrage non revêtu de notre griffe sera réputé contrefait.

Havre. — Imprimerie A. LEMALE AÎNÉ. — 2.7482

INTRODUCTION NÉCESSAIRE

Ce livre est destiné aux établissements d'instruction pratique aussi bien qu'aux maisons de banque et de commerce. Il suffira de l'étudier avec suite pour acquérir facilement la connaissance des changes et des arbitrages, devenue indispensable à cause du développement prodigieux des affaires de finance.

Il renferme tous les éléments et tous les documents dont on peut avoir besoin pour calculer les changes et les arbitrages : monnaies de compte de tous les pays, évaluation en francs des monnaies étrangères, comparaison des poids et des titres, cotes financières, changes fixes, usages des principales places cambistes, droits de timbre et de courtage, frais de transport et fret des matières d'or et d'argent, assurances, etc.

Il éclaircit toutes les questions d'arbitrages comme débiteur, créancier ou spéculateur, au moyen des cotes chiffrées, des équivalences dans les changes directs, des prix de revient ou de vente et des ordres de banque.

Nous nous préoccupons, comme on le voit, de former des cambistes et des arbitragistes sérieux, capables de rendre de bons services dans la banque et le haut commerce.

A cet effet, nous avons passé en revue tous les calculs possibles de changes et d'arbitrages et nous n'en avons pas présenté moins de six cents. Ces nombreux exercices nous ont fourni de fréquentes occasions de faire connaître et de recommander des moyens pratiques peu connus.

Les Changes proprement dits, c'est-à-dire le calcul des effets de commerce sur l'étranger, des matières métalliques et des fonds publics, beaucoup trop négligés, sont en général la pierre d'achoppement des arbitrages. Comment, en effet, calculer une parité, si l'on n'a pas appris préalablement à retrancher l'escompte d'un effet de commerce ou, ce qui est moins simple, à y ajouter l'intérêt couru ; à former le poids ou le prix proportionnel au titre d'un lingot d'or ou d'argent ; à déterminer la valeur effective en monnaie de sa place d'un fonds d'Etat dont le cours est exprimé en monnaie étrangère ? — Autant d'obstacles invincibles pour quiconque n'est pas réellement cambiste.

C'est pourquoi nous avons tenu à traiter à fond la question complexe des changes, avant d'entreprendre celle des arbitrages, et nous n'avons pas hésité à y consacrer plus de deux cents opérations.

Mais l'objet principal, la destination dernière de ce traité est la science des Arbitrages. Nous y avons appliqué tous nos soins. Comme elle réside surtout dans l'intelligence des opérations, nous en avons présenté près de quatre cents que nous avons raisonnées et interprétées, en donnant à toute occasion la signification des conjointes et des parités, qui les explique et les précise mieux que toutes les démonstrations imaginables.

La raison déterminante des arbitrages ne peut être que triple : acquittement de dette, recouvrement de créance ou spéculation.

Avant de commencer l'étude des cotes chiffrées et des autres arbitrages nous avons insisté sur ces trois positions qui nous ont fourni la matière d'un chapitre important.

Les Cotes chiffrées, que les novateurs passent sous silence, ont toujours été et seront toujours, quoi qu'on fasse, la clef de voûte des arbitrages.

Dût-on même ne pas les pratiquer, qu'il faudrait encore les avoir apprises et en bien connaître tous les usages pour être à même de se familiariser ensuite avec les autres arbitrages, qui tous en dérivent sans exception.

Si on les omet dans les traités d'arbitrages, c'est sans doute parce qu'il est plus commode de produire un livre qui s'en tient aux formules, que de s'astreindre à présenter pour modèles des opérations bien calculées.

Une difficulté qui se résout par le travail ne pouvait que nous affermir dans notre projet de composer une œuvre complète.

Aussi n'avons-nous pas hésité à donner les cotes chiffrées des huit principales places cambistes dont les valeurs sont cotées à Paris. Elles comprennent tous les changes, ainsi que les matières d'or et d'argent en barres ou monnayées ; quant aux fonds d'Etats, comme nous ne pouvions pas les arbitrer tous, nous avons choisi dans la cote Havas douze de ces valeurs qui sont le plus en vogue et dont les autres se déduisent par similitude.

Nos cotes chiffrées de Londres, de la Hollande et de l'Allemagne comptent chacune 27 ou 28 parités.

Après les cotes chiffrées à Paris et dans les places étrangères, viennent les Equivalences, qui ne s'appliquent qu'aux changes directs de deux places. Elles n'embarrassent jamais ceux qui ont appris à se servir de nos cotes chiffrées, car elles ne sont qu'une variante des parités des deux premiers changes qui entrent dans la composition de nos huit tableaux régulateurs des opérations financières. Les équivalences dans les changes directs sont souvent d'une grande utilité, en ce qu'elles donnent rapidement une approximation dont on peut tirer avantage à la réception des télégrammes qui apportent les cours des places étrangères.

Les Prix de Revient ou de Vente ont un double but : ils indiquent les meilleures sources pour se procurer les valeurs étrangères dont on a besoin, et dirigent en même temps pour le placement des valeurs étrangères que l'on a en portefeuille ou que l'on peut créer. Les parités des prix de revient ou de vente se réunissent en tableaux synoptiques comme celles des cotes chiffrées, et l'on y recourt lorsque, après avoir fait opérer des achats à l'étranger, on doit régler son créancier en valeurs de sa place, ou lorsque, après avoir fait opérer des ventes à l'étranger, on veut se rembourser en vendant des traites fournies sur son débiteur.

Les tableaux de prix de revient ou de vente sont d'un fréquent usage, mais non d'un constant usage, comme ceux des cotes chiffrées, de sorte qu'on ne les dresse qu'en temps opportun.

L'Ordre de Banque est le prix de revient par excellence des maisons de premier ordre dont le crédit se trouve solidement établi. Il diffère en tout point du précédent. D'abord il ne peut pas se transformer en prix de vente ; ensuite il se donne à découvert, au lieu que le prix de revient proprement dit se traite au comptant. Dans l'arbitrage de ce dernier, le donneur d'ordre suppose qu'il achètera du papier de la place de l'exécuteur d'ordre, afin que celui-ci se procure les fonds nécessaires à la dépense ; dans l'ordre de banque, l'exécuteur d'ordre achète sans provision et ne se rembourse qu'après avoir fourni les valeurs demandées.

L'ordre de banque est sans contredit une opération plus simple, plus facile et plus vite appréciable que le prix de revient. Il suffit en effet que le papier de la place du donneur d'ordre soit recherché dans celle de l'exécuteur d'ordre pour être à peu près certain que l'opération sera acceptée.

Pourquoi donc n'est-il pas question de l'ordre de banque dans les nouveaux manuels d'arbitrage ?

Après avoir épuisé le sujet des changes et des arbitrages au point de vue spéculatif, il nous restait à faire connaître, au point de vue pratique, les droits de timbre et de courtage des différentes places et les autres frais qui modifient les parités, en s'ajoutant aux prix d'achat, ou en se retranchant des prix de vente.

Nous n'avons pas la prétention de les avoir tous précisés, énumérés ou même prévus. Nous nous sommes borné à les grouper par catégorie, afin d'en faciliter la recherche. Si du reste les usages, très-variables de leur nature, vieillissent vite, il n'y a aucune difficulté à se les procurer, à les rectifier et à les suivre dans tous leurs changements, au fur et à mesure que ces changements se produisent. C'est pourquoi nous nous sommes peu préoccupé de les donner complètement, convaincu qu'ils ne font jamais défaut dans les maisons bien administrées.

Nous ne terminerons pas cet exposé de notre manière d'envisager les changes et les arbitrages sans protester énergiquement contre les doctrines dangereuses qui menacent d'envahir le domaine de l'enseignement pratique.

Il est profondément regrettable de voir avec quelle ténacité on cherche à faire revivre les anciens barêmes, à vulgariser les comptes par à peu près, à transformer les fractions ordinaires les plus simples en fractions décimales inexactes, à faire ajouter l'intérêt comme on retranche l'escompte en dehors, etc.; en un mot à substituer les mauvais systèmes aux bonnes méthodes.

C'est fourvoyer notre jeunesse, qui aurait besoin de devenir sérieuse et réfléchie.

Si du reste les arbitrages sont rarement bien compris, cela vient surtout de ce qu'ils sont généralement traités, dans les nouveaux ouvrages, au point de vue de ceux qui les ont déjà appris ou qui sont pénétrés de leur insuffisance, plutôt qu'au point de vue de ceux qui désirent les apprendre.

Mais cette observation, inspirée par l'habitude de l'enseignement, n'empêche pas de reconnaître que la plupart des manuels récemment publiés renferment des renseignements utiles; elle n'est non plus que l'écho d'un regret que nous entendons fréquemment exprimer, et qui nous confirme dans l'opinion que les ouvrages didactiques doivent être mis à la portée du commun des lecteurs.

Depuis quarante ans et plus que nous écrivons sur la comptabilité et sur les matières qui s'y rattachent, nous n'avons jamais ambitionné qu'un succès bien modeste : faire des livres faciles à comprendre.

Puisse celui-ci réussir en raison du travail qu'il nous a coûté et du désir que nous avons toujours eu de contribuer à la propagation des bonnes études!

LES CHANGES

ET

LES ARBITRAGES

Rendus faciles et corrects

————<—*—>————

MONNAIES DE COMPTE

DE LA FRANCE ET DE L'ÉTRANGER

COMPRENANT

Pour les places dont les valeurs sont cotées à Paris

1° L'ÉVALUATION EN FRANCS DES MONNAIES ÉTRANGÈRES ;
2° LE POIDS ET LE TITRE DES PIÈCES ;
3° LES INDICATIONS ET COMPARAISONS NÉCESSAIRES POUR LES
CALCULS DE CHANGES ET D'ARBITRAGES
DES MATIÈRES D'OR ET D'ARGENT EN BARRE OU MONNAYÉES.

FRANCE

Monnaie de compte : Franc de 100 centimes.
Poids légal de la monnaie d'or : 20 fr. = 6,452 gr.
    id.   id.   d'argent : 1 fr. = 5 gr., 5 fr. = 25 gr.
Titre légal des pièces d'or et d'argent : 900/1000, à l'exception des pièces d'argent de 2 fr., de 1 fr., de 50 cent. et de 20 cent., dont le titre légal est 835/1000.
Le titre du tarif, pour toute la monnaie, est le même que le titre légal.

Valeur réelle du kilogramme d'or fin	3444,44	fr.
id. id. d'argent fin	222,22	fr.
Valeur au tarif du kilogramme d'or fin	3437, »	fr.
id. id. d'argent fin	220,56	fr.

1

Prix commercial, au pair, de l'or en barre à 1000/1000 : 1 kilog. = 3434,44 fr.

Prix commercial, au pair, de l'argent en barre à 1000/1000 : 1 kilog. = 218,89 fr.

Ces prix varient au moyen d'une prime ou d'une perte par 1000 fr. d'évaluation, indiquée sur la cote de la Bourse.

ANGLETERRE

Monnaie de compte : Livre sterling de 20 shillings ou sous, de 12 pence ou deniers sterling = 25,2213 fr.

Poids légal de la monnaie d'or : 1 livre sterling ou souverain anglais = 7,988 grammes.

Poids légal de la monnaie d'argent : 1 shilling = 5,655 grammes; 1 couronne de 5 shillings = 28,276 grammes.

Le poids anglais pour les matières d'or et d'argent est la livre troy, qui se divise en onces, en pennyweights et en grains. 1 livre troy = 12 onces, 1 once = 20 pennyweights, 1 pennyweight = 24 grains.

Echelle du titre de l'or : 24/24, qui se divisent en grains et en quarts. 1/24 = 4 grains, 1 grain = 4 quarts.

Echelle du titre de l'argent : 12/12, qui se divisent en pennyweights ou deniers poids. 1/12 = 20 pennyweights.

Titre *standard* ou légal des pièces d'or : 22/24 = 11/12 = 916,66/1000.

Titre du tarif des pièces d'or : 916/1000.

Titre *standard* ou légal des pièces d'argent : $\frac{11\ 2/20}{12}$ = 11,1/12 = 222/240 = 37/40 = 925/1000.

Titre du tarif des pièces d'argent : 923/1000.

La Banque d'Angleterre adopte aujourd'hui le système décimal formulé en millièmes pour le titre des matières d'or et d'argent.

L'or et l'argent se vendent en Angleterre à l'once de la livre troy, non pas d'après le titre de fin comme partout ailleurs, mais bien d'après les deux titres standard ou légaux de la monnaie d'or et d'argent, tels qu'ils ont été indiqués ci-dessus.

Le prix commercial de l'once d'or au titre standard est de 77 shillings 9 pence, autrement dit de 3 livres sterling, 17 shillings, 9 pence ou deniers sterling.

L'Hôtel de la Monnaie compte l'once d'or standard à 3.17.10 ½. La différence de 1 ½ denier sterling sert à indemniser la Banque du retard pour la fabrication de la monnaie et des menus frais de transport, de vérification, etc. 3.17.10 ½ est encore, sur la cote de Londres, le cours de l'once de l'or qui contient 1 once d'argent fin sur 12 onces brutes.

Le prix de l'once d'argent au titre standard se cote en pence ou deniers sterling entre 45 et 60, selon l'offre ou la demande.

L'Angleterre n'ayant pas, comme la France, un étalon pour l'argent, la monnaie d'argent est considérée comme monnaie d'appoint, que l'on peut refuser au delà de 2 livres sterling.

Lorsque le titre de l'or ou de l'argent, mais principalement de l'argent, est supérieur au titre standard, on l'exprime en faisant précéder la différence de la lettre B, initiale du mot *better*, qui veut dire, dans ce cas, *au-dessus* ; lorsqu'il est inférieur au titre standard, la différence est précédée de W, lettre initiale du mot *worse*, qui, dans ce cas, veut dire *au-dessous*.

Voici la comparaison des poids anglais et français :
1 livre troy de 5760 grains......... $=$ 373,241948 grammes.
1 once ou 12e de livre troy .... $=$ 31,103496 »
1 pennyweight ou 20e d'once ...... $=$ 1,555175 »
1 grain ou 24e de pennyweight... $=$ 6,479895 centigrammes.

Inversement, on transformera les poids français en poids anglais. Par exemple, on obtiendra comme suit l'évaluation du kilogramme en livres troy : $\frac{1000}{373,241948} = 2,679227$.

Comme on sait que ces transformations ne sont jamais d'une exactitude parfaite, lorsqu'on les vérifie par le pesage à l'étranger, on n'hésite pas à négliger quatre ou cinq décimales. Ainsi la livre troy est comptée pour 373,242 grammes et l'once pour 31, 1 grammes.

Dans les calculs, de fréquentes occasions se présentent d'indiquer des moyens pratiques et abréviatifs pour la solution des problèmes.

HOLLANDE

Monnaie de compte : Florin de 100 cents $=$ 2,10 fr.

Poids légal de la monnaie d'or : 10 florins $=$ 6,720 gr.; 1 Guillaume $=$ 6,729 gr.; 1 ducat $=$ 3,494 gr.

Poids légal de la monnaie d'argent : 1 florin $=$ 10 gr.; 25 cents $=$ 3,575 gr.

Titre légal de la monnaie d'or : 900/1000, pour la nouvelle monnaie de 10 florins (loi de 1875) ainsi que pour le double Guillaume, le Guillaume et le demi-Guillaume.

Titre du tarif : 899/1000.

Titre légal du ducat et du double ducat : 983/1000.

Titre du tarif : 980/1000.

Titre légal de la monnaie d'argent pour le rixdaler de 2 ½ florins, le florin et le demi florin : 945/1000.

Titre légal des pièces de 25, de 10 et de 5 cents : 640/1000.

Les titres de la monnaie d'argent ne sont pas tarifés.

Poids pour l'or et l'argent : le kilogramme, comme en France.

Prix commercial de l'or en barre : 1442,60 florins le kilogramme à 1000/1000. Ce prix varie au moyen d'une prime pour cent ; il pourrait de même varier au moyen d'une perte pour cent.

Il n'y a pas de prix commercial du kilogramme d'argent fin. Ce prix qui, d'après l'étalon, serait de 105,82 florins, subit les fluctuations des autres valeurs et est coté moins ou plus de 100 fl.

ALLEMAGNE

Monnaie de compte : Reichsmark ou mark de 100 pfennig = 1, 2345 fr.

Poids légal de la monnaie d'or : couronne de 10 marks = 3,982 gr. ; le double pour la double couronne et la moitié pour la pièce de 5 marks.

Poids légal de la monnaie d'argent : 1 mark = 5,555 gr. Il y a des pièces de 5, de 2 marks, de 1/2 et de 1/5 mark.

Titre légal de la monnaie d'or et d'argent : 900/1000.

Titre du tarif de la monnaie d'or : 899,5/1000.

Le titre de la monnaie d'argent n'est pas tarifé.

Le poids adopté pour l'or et l'argent est la livre métrique ou 1/2 kilogramme, de 500 grammes, qui se divise en *millièmes de livre*.

L'or et l'argent se traitent au titre de fin.

La valeur légale de la livre de 500 grammes à 1000/1000 est de 1395 reichsmarks.

Le prix commercial est de 1392 reichsmarks, à cause de la retenue de 3 marks pour frais de fabrication.

L'or est la seule monnaie légale.

Quoique l'unité monnétaire, le reichsmark ou mark, soit une pièce d'argent, les pièces d'argent ne sont employées que comme monnaie d'appoint, et l'on n'est tenu de les recevoir dans les payements que jusqu'à concurrence de 20 marks.

Les monnaies d'or étrangères se traitent à la pièce ou à la livre de 1000/1000.

Les Hôtels des Monnaies et les Banques de l'Empire d'Allemagne achètent à la livre brute les pièces de 20 francs, les souverains anglais, les impériales de Russie et les aigles d'Amérique et tarifient leurs titres comme suit :

Pièces de 20 francs... à 899 millièmes, au lieu de 900 ;
Souverains anglais..... à 916 id. , comme le titre du tarif ;
Impériales de Russie. à 916 id. , au lieu de 915 ;
Aigles d'Amérique .... à 899 ½ id. , au lieu de 899.

En prenant comme base le prix commercial de 1392 reihsmarks pour 500 grammes d'or fin, on obtient, au moyen des calculs ci-dessous, le prix de la livre brute :

Pour les pièces de 20 francs............ $\frac{1392 \times 899}{1000}$ = 1251,408

Pour les souverains anglais............... $\frac{1392 \times 916}{1000}$ = 1275,072

Pour les impériales de Russie........... $\frac{1392 \times 916}{1000}$ = 1275,072

Pour les aigles d'Amérique............... $\frac{1392 \times 899 \, 1/2}{1000}$ = 1252,104

Au reste ces sortes de tableaux, qu'on ne peut pas avoir constamment sous les yeux, sont inutiles aux cambistes : il leur suffit de connaître la tarification du titre pour résoudre promptement les problèmes de cette nature.

AUTRICHE-HONGRIE

Monnaie de compte : Florin de 100 kreutzers = 2,4691 fr.

Poids légal de la monnaie d'or, selon la loi de 1870 : 8 fl. = 20 fr. ou 6,452 gr.; 4 fl. = 10 fr. ou 3,226 gr.

Poids légal du ducat : 3,490 gr. ; du quadruple ducat : 13, 960 gr.

Poids légal de la monnaie d'argent : 1 fl. = 12,345 gr.; 2 fl. = le double ; 1/4 fl. = 5,341 gr.; 20 kreutzers = 2,666 gr.; 10 kreutzers = 1, 666 gr.; 1 levantin ou thaler de Marie-Thérèse (monnaie commerciale) = 28,075 gr.

Titre légal de la monnaie d'or, pour les pièces de 4 et 8 fl. : 900/1000 ; pour les ducats et quadruples ducats : 986/1000.

Titre légal de la monnaie d'argent, pour les pièces de 1 et de 2 florins : 900/1000 ; pour celles de 1/4 florin 520/1000 ; pour celles de 20 kreutzers 500/1000, et pour les levantins 833/1000.

Le seul titre tarifé est celui du ducat et du quadruple ducat, dont le titre du tarif est 984/1000.

Le poids employé pour l'or et l'argent est, comme en Allemagne, la livre métrique de 500 grammes se divisant en millièmes de livre.

Avec une livre d'argent fin on frappe 45 florins à 900/1000, ce qui explique le poids de 12,345 grammes. En effet 500 gr. + 1/9 = 555,555... et $\frac{555,555}{45}$ = 12,3457.

Avec une livre d'or fin on frappe 155 pièces de 4 florins équivalant à 10 francs, et 77 1/2 pièces de 8 florins équivalant à 20 francs.

Le prix légal de 45 florins d'argent pour une livre d'argent fin est modifié par la comparaison du cours du papier avec la valeur réelle de l'argent. Ainsi le cours est de 101, 102, 103, 104, florins courants, plus ou moins, pour 100 florins d'argent, suivant la dépréciation du papier.

L'or en barre ne figure pas sur les cotes de Vienne.

Les monnaies d'or étrangères sont traitées à la pièce.

RUSSIE

Monnaie de compte : Rouble de 100 kopecks = 3,96 fr.

Poids légal de la monnaie d'or : 1/2 impériale de 5 roubles = 6, 545 gr.; 3 roubles ou 3/5 de la 1/2 impériale = 3, 927 gr.

Poids légal de la monnaie d'argent : 1 rouble de 100 kopecks = 20,528 gr. ; 1 poltinnik de 50 kopecks = 10,264 gr. ; 1 tchetvertak de 25 kopecks = 5,132 gr. ; 1 abassis de 20 kopecks = 4,079 gr. ; 1 florin polonais de 15 kopecks = 3,059 ; 1 grivenik de 10 kopecks = 2,039 gr. ; 1 piétak de 5 kopecks = 1,019 gr.

Titre légal de la monnaie d'or : 916,66/1000.

Titre du tarif de la monnaie d'or : 915/1000.

Titre légal de la monnaie d'argent, pour les pièces de 100, 50 et 25 kopecks : 868/1000 ; pour les pièces de 20, 15, 10 et 5 kopecks : 500/1000.

Les titres de la monnaie d'argent ne sont pas tarifés.

Le poids employé pour l'or et l'argent est la livre russe de 96 solotnicks, qui se divisent en 96 dolis. 1 livre russe = 409,512 gr.; 40 livres russes = 1 pud ; 40 puds = 1 berkowitz, l'unité fondamentale des poids russes.

L'échelle du titre est 96/96. Elle est tirée de la division de la livre en solotnicks.

La Russie a conservé jusqu'ici l'étalon d'argent. Néanmoins la 1/2 impériale est évaluée en roubles or.

La Banque de l'Etat achète l'or, l'argent et les monnaies étrangères à des prix variables qui sont déterminés par des décrets.

L'or et l'argent en barre ne sont pas cotés sur la cote officielle de Saint-Pétersbourg.

BELGIQUE

· Depuis la convention internationale de décembre 1865, la Belgique a définitivement adopté le système monétaire de la France.

A Bruxelles et à Anvers la Monnaie achète, comme en France, le kilogramme d'or fin à 3437 francs et, à un prix proportionnel au titre, l'or à moins de 1000/1000. Par exemple, l'or à 900/1000 se paye, comme en France, 3093,30 fr., parce que $\frac{3437 \times 900}{1000} =$ 3093,30.

SUISSE

Système monétaire de la France, d'après la convention internationale de 1865.

ITALIE

Système monétaire de la France, d'après la convention internationale de 1865.

ESPAGNE

L'Espagne compte encore, dans ses affaires avec l'étranger, en attendant qu'elle se joigne définitivement à la convention internationale, en piastres qui se divisent en centièmes. 1 Piastre = 5,20 fr.

Néanmoins voici les seules pièces d'argent frapées en exécution du décret d'octobre 1868 : 5 pesetas de 25 gr. = 5 fr. ; 2 pesetas de 10 gr. = 1,86 fr. ; 1 peseta de 5 gr. = 93 cent. ; 2 reales ou 1/2 peseta de 2 ½ gr. = 46 cent.

La première pièce est au titre de 900/1000 et les trois autres au titre de 835/10000.

La plupart des pièces sont encore frappées d'après le système de la loi de juin 1864. En voici la liste pour l'or : 1 doublon ou 10 escudos de 8,387 gr. = 26 fr. ; 4 escudos de 3,355 gr. = 10,40 fr. ; 2 escudos de 1,677 gr. = 5,20 fr.

Le titre légal de ces pièces d'or est de 900/1000 et le titre du tarif de 898/1000.

Pour l'argent : 1 duro ou 2 escudos de 25,960 gr. = 5,19 fr. ; 1 escudo ou 10 réaux de 12,980 gr. = 2,60 fr. ; 1 peseta de 5,192 gr. = 93 cent. ; 1 demi-peseta de 2,596 gr. = 47 cent. ; 1 réal de 1,298 gr. = 23 cent.

Les deux premières pièces sont au titre légal de 900/1000 et les trois dernières sont au titre légal de 810/1000.

Le titre de ces pièces d'argent n'est pas tarifé.

Le poids usité pour l'or et l'argent est le kilogramme.

PORTUGAL

Monnaie de compte : Milreis = 5,60 fr.

Poids légal de la monnaie d'or : 1 couronne de 10 milreis = 17,735 gr. ; 1 demi-couronne = la moitié ; 1/5 couronne = le 1/5, et 1/10 couronne de 1 milreis = le 1/10.

Poids légal de la monnaie d'argent : 5 testons de 500 reis = 12,500 gr.; 2 testons de 200 reis = 5 gr.; 1 teston de 100 reis = 2 ¼ gr., et 1/2 teston de 50 reis = 1 ¼ gr.

Le titre légal de la monnaie d'or et d'argent est de 916, 66/1000.

Il n'y a pas de titre du tarif.

Le poids employé pour la monnaie d'or et d'argent est le kilogramme.

ÉTATS-UNIS

Monnaie de compte : Dollar de 100 cents = 5,1825 fr.

Poids légal de la monnaie d'or : double aigle de 20 dollars = 33,436 gr.; aigle de 10 dollars = 16,718 gr.; 1/2 aigle de 5 dollars = 8,359 gr.; 3 dollars = 5,015 gr.; 1/4 aigle de 2 ¼ dollars = 4,179 gr.; 1 dollar = 1,672 gr.

Poids légal de la monnaie d'argent : *trade dollar* ou dollar de commerce = 27,215 gr. ; 1/2 dollar de 50 cents = 12,500 gr.; 1/4 dollar de 25 cents = 6,250 gr.; 1 dime de 10 cents = 2,500 gr.

Titre légal de la monnaie d'or et d'argent : 900/1000.

Titre du tarif de la monnaie d'or : 899/1000.

Il n'y a pas de titre du tarif pour la monnaie d'argent.

Les poids dont on se sert en Angleterre pour les matières d'or et d'argent sont encore employés aux États-Unis.

EMPIRE OTTOMAN

Monnaie de compte : Piastre = 0,2278 fr.

Poids légal de la monnaie d'or : 500 piastres ou bourse = 36,082 gr.; 250 piastres = la moitié; 100 piastres ou livre turque = le 1/5; 50 piastres = le 1/10; 25 piastres = le 1/20.

Poids légal de la monnaie d'argent : 20 piastres = 24,055 gr.; 10 piastres = la moitié ; 5 piastres = le 1/4 ; 2 piastres = le 1/10; 1 piastre de 40 paras = le 1/20; 1/2 piastre de 20 paras = le 1/40.

Titre légal de la monnaie d'or : 916,66/1000.

Titre légal de la monnaie d'argent : 830/1000.

Titre du tarif de la monnaie d'or : 915/1000.

Il n'y a pas de titre du tarif pour la monnaie d'argent.

Dans le commerce on compte généralement par livres turques ou Medjidié d'or de 100 piastres.

Depuis le 1er mars 1870, l'usage du système métrique est obligatoire en Turquie, mais on se sert encore, pour peser les matières d'or et d'argent, de l'oka de 400 drachmes. 1 oka = 1,283 kilogramme.

EGYPTE

Monnaie de compte : Piastre de 40 paras = 0,2573 fr.

Poids légal de la monnaie d'or : pièces de 100, 50 et 25 piastres pesant 8,544 ; 4,272 et 2,136 gr.

Poids légal de la monnaie d'argent : pièces de 10, 5, 2 ¼ piastres et 1 piastre pesant 12,500 ; 6,250 ; 3,125 et 1,250 gr.

Titre légal de la monnaie d'or : 875/1000.

Titre légal de la monnaie d'argent : 900/1000.

Il n'y a pas de titre du tarif.

Les monnaies étrangères sont cotées à la pièce.

GRÈCE

Monnaie de compte : Drachme de 100 lepta = 1 fr., d'après la convention internationale de 1865, à laquelle la Grèce a adhéré.

Néanmoins, on se sert encore, dans les cotes, du vieux drachme pesant 4,477 grammes, en attendant que les nouvelles monnaies soient frappées.

ROUMANIE

Monnaie de compte : Ley de 100 banis = 1 fr.

C'est le système monétaire de la France, mais avec l'étalon d'or.

Poids légal de la monnaie d'or : pièces de 20, 10 et 5 leys pesant 6,452 ; 3,226 et 1,613 gr.

Poids légal de la monnaie d'argent : pièces de 2 leys, 1 et 1/2 ley pesant 10, 5 et 2 ¼ gr.

Titre légal de la monnaie d'or : 900/1000.

Titre légal de la monnaie d'argent : 835/1000.

Il n'y a pas de titre du tarif.

Les monnaies étrangères sont cotées à la pièce.

DANEMARK

Monnaie de compte : Krone de 100 ore = 1,3888 fr.

Poids légal de la monnaie d'or : pièces de 20 et 10 kronen pesant 8,960 et 4,480 gr.

Poids légal de la monnaie d'argent : 2 kronen = 15 gr.; 1 krone de 100 ore = 7,500 gr.; 50 ore = 5 gr.; 40 ore = 4 gr.; 25 ore = 2,420 gr.; 10 ore = 1450 gr.

Titre légal de la monnaie d'or : 900/1000.

Titre légal de la monnaie d'argent : pour les pièces de 2 kronen et 1 krone 800/1000 ; pour celles de 50, 40 et 25 ore 600/1000, et pour celles de 10 ore 400/1000.

Il n'y a pas de titre du tarif.

SUÈDE

Système monétaire du Danemark, suivant convention du 27 mai 1873. Il n'y a que l'appellation qui diffère.

Monnaie de compte : Krona de 100 ore = 1,3888 fr.

Monnaie d'or : pièces de 20 et de 10 kronor équivalant aux pièces de 20 et de 10 kronen du Danemark.

Monnaie d'argent : pièces de 2 kronor, 1 krona, 50, 25 et 10 ore correspondant à celles du Danemark.

NORVÈGE

Système monétaire du Danemark et de la Suède, suivant convention du 27 mai 1873. Il n'y a de différence que l'unité monétaire, qui est 4 fois celle de ces deux autres pays, et l'appellation des pièces.

Monnaie de compte : Specie daler ou 4 kroner = 5,5555 fr.

Monnaie d'or : 5 specie daler de 20 kroner et 2 ½ specie daler de 10 kroner.

Monnaie d'argent : 2 kroner, 1 krone de 100 ore ou 30 skillings, 24 skillings, 15 skillings de 50 ore, 12 skillings de 40 ore et 3 skillings de 10 ore.

INDES ANGLAISES

Monnaie de compte : Roupie = 2,3757 fr. ; 1 roupie = 16 annas, 1 anna = 12 pice.

Poids légal de la monnaie d'or : 1 mohur de 15 roupies = 11,664 gr. Il y a des pièces de 2/3 et 1/3 de mohur.

Poids légal de la monnaie d'argent : 1 roupie = 11,664 gr. Il y a des pièces de 1/2, 1/4 et 1/8 de roupie.

Titre légal des monnaies d'or et d'argent : 916,66/1000.

Il n'y a pas de titre du tarif.

Le poids employé pour l'or et l'argent en barre est le tola de 180 grains troy ; 1 tola = 12 mashas, 1 masha = 8 ruttees et 1 ruttee = 4 dhans. On emploie le masha et ses subdivisions pour indiquer le titre des métaux précieux. On se sert aussi du système de pesage et de titrage anglais.

BRÉSIL

Monnaie de compte : Milreis = 2,8297 fr.

Poids légal de la monnaie d'or : 20000 reis ou 20 milreis = 17,926 gr. Il y a des pièces de 10 et de 5 milreis.

Poids légal de la monnie d'argent : 2 milreis = 25 gr. Il y a des pièces de 1 et de 1/2 milreis.

Titre légal de la monnaie d'or : 916,66/1000.

Titre légal de la monnaie d'argent : les 2 milreis au titre de 900/1000, les 1 et 1/2 milreis au titre de 835/1000.

Titre du tarif de la monnaie d'or : 914/1000.

Il n'y a pas de titre du tarif pour la monnaie d'argent.

Les poids sont les mêmes qu'en France.

MEXIQUE

Monnaie de compte : Peso de 100 centavos : 5,5644 fr.

Poids légal de la monnaie d'or : 20 pesos = 33,841 gr. Il y a des pièces de 10, 5, 2 ½ pesos et 1 peso.

Poids légal de la monnaie d'argent : 1 peso = 27,730 gr. Il y a des pièces de 50, 25, 10 et 5 centavos.

Titre légal de la monnaie d'or : 875/1000.

Titre légal de la monnaie d'argent : 903/1000.

Il n'y a pas de titre du tarif pour la monnaie d'or.

Titre du tarif pour la monnaie d'argent : 900/1000.

Un décret de 1857 a ordonné l'usage du système métrique de la France pour les poids et mesures.

PÉROU

Système monétaire de la France avec différence d'unité.

Monnaie de compte : Sol de 10 dineros ou 100 cents = 5 fr.

Monnaie d'or : pièces de 20, 10, 5, 2 sols et 1 sol.

Monnaie d'argent : pièces de 1, 1/2 et 1/5 sol ; de 1 et 1/2 dinero.

Titre de la monnaie d'or et d'argent : 900/1000.

Il n'y a pas de titre du tarif.

TUNIS

Monnaie de compte : Piastre = 0,6194 fr.

Monnaie d'or : pièces de 100, 50, 25, 10 et 5 piastres.

Monnaie d'argent : pièces de 1 et 2 piastres.

Titre légal de l'or et de l'argent monnayés : 900/1000.

Il n'y a pas de titre du tarif.

On se sert de l'once du rottel-attari de 31,68 gr. pour peser les matières d'or et d'argent.

ILES PHILIPPINES

Monnaie de compte : Duro de 100 centavos = 5,096 fr.

Monnaie d'or : doblon de oro de 4 pesos du poids de 6,766 gr. au titre de 875/1000, valant 20,39 fr. ; il y a aussi des escudos de oro de 2 pesos et des escudillos de oro de 1 peso.

Le titre légal de la monnaie d'or est de 875/1000.

Monnaie d'argent à 900/1000 : pièces de 50, 20 et 10 centavos. Les titres ne sont pas tarifés.

PERSE

Monnaie d'or : Thoman de 100 schahis de 3,76 gr., au titre de 916/1000, valant 11,86 fr. Il y a des 1/2 thoman de 50 schahis.

Monnaie d'argent : sachib-kéran de 20 schahis au titre de 900/1000, pesant 10,40 gr. et valant 2,08 fr. Il y a aussi le banabat de 10 schahis et l'abassis de 4 schahis.

Le poids employé pour l'or et l'argent est le miscal de 4,8 gr. qui se divise en 6 dani de 4 cicer ou en 24 cicer de 3 hebbi.

JAPON

Monnaie de compte : Yen de 100 sen = 5,1664 fr.

Monnaie d'or : pièces de 20, 10, 5, 2 et 1 yen.

Monnaie d'argent : 1 yen (monnaie de commerce) de 26,956 gr. valant 5,39 fr. Il y a des pièces de 50, 20, 10 et 5 sen.

La monnaie d'or est au titre de 900/1000. Il en est de même de la monnaie de commerce en argent. La monnaie d'argent en sen est à 800/1000.

ETATS-UNIS DE COLOMBIE

Monnaie de compte : Peso d'or = 5 fr.

Monnaie d'or : double condor de 20 pesos et condor de 10 pesos valant 100 fr. et 50 fr.

Monnaie d'argent : 1 peso de 25 gr. = 5 fr. Il y a aussi des pièces de 2 décimos, 1 et 1/2 décimo.

Les pesos d'or et d'argent sont au titre de 900/1000 et les décimos au titre de 835/1000.

L'usage du système métrique pour les poids a été prescrit par une loi de 1853.

CHILI

Monnaie de compte : Peso d'argent de 100 centavos = 5 fr.

Monnaie d'or : condor de 10 pesos, pesant 15,253 gr. et valant 47,28 fr. Il y a aussi le doblon de 5 pesos, l'escudo de 2 pesos et le peso.

Monnaie d'argent : peso, 50 centavos, 20 centavos, 1 decimo et 1/2 decimo.

Le titre légal de la monnaie d'or et d'argent est de 900/1000.

Le titre du tarif de la monnaie d'or est de 899/1000.

Il n'y a pas de titre du tarif pour la monnaie d'argent.

L'usage du système métrique pour les poids a été décrété depuis 1848.

ÉTATS-UNIS DE VÉNÉZUELA

Monnaie de compte : Venezolano = 5 fr.

Monnaie d'or : pièces de 20 venezolanos ou Bolivar, de 10, de 5 venezolanos et de 1 venezolano.

Monnaie d'argent : pièces de 1 venezolano, de 1/2 venezolano ou 5 decimos, de 2 decimos, de 1 decimo et de 5 centavos.

Titre légal de l'or : 900/1000.

Titre légal de l'argent : 900/1000 pour le venezolano et 835/1000 pour les autres pièces d'argent.

Il n'y a pas de titre du tarif.

L'usage du système métrique pour les poids a été décrété depuis 1857.

Autrefois il fallait distinguer les monnaies de compte des monnaies réelles. En France, à Hambourg, à Francfort-sur-le-Mein, dans les Indes anglaises, etc., etc., on comptait en monnaies qui n'étaient pas les monnaies frappées.

Aujourd'hui il n'y a guère que l'Espagne qui, en attendant l'application du décret de 1868 pour la mise en vigueur de la convention internationale de 1865, persiste à compter en piastres dans les affaires avec l'étranger, quoique la plupart des pièces en circulation aient été frappées d'après le système monétaire établi par la loi de 1864, dans lequel la monnaie de compte est l'escudo d'argent de 10 réaux ou 1/2 peseta, valant 2 francs, 596 millimes.

Dès lors nous n'avons eu à nous occuper que des monnaies réelles, qui sont en même temps les monnaies de compte pour toutes les valeurs qui figurent sur la cote officielle de la Bourse de Paris, à l'exception des valeurs espagnoles, qui sont encore cotées en piastres dont l'évaluation au pair est de 5 fr. 20 cent.

Si l'on avait besoin de documents plus complets que ceux qui précèdent, on les trouverait dans l'annuaire du Bureau des Longitudes et dans les livres spéciaux de Monnaies, Poids et Mesures, tel que celui de M. A. LEMALE AÎNÉ, au Havre, qu'on ne saurait trop recommander.

Des Cours de la Bourse Financière

Les cours de la Bourse financière expriment le prix actuel ou marchand des fonds d'Etats, des matières d'or et d'argent, des changes ou effets de commerce sur l'étranger, des actions des sociétés ou compagnies et des obligations municipales ou industrielles. Ces cours sont constatés au moyen de bulletins appelés cotes.

A Paris, la confection des cotes est confiée à la Chambre Syndicale des agents de change qui les dresse, après chaque bourse, avec l'assistance des autres membres de la compagnie.

Les cours des effets publics, des actions et obligations sont déterminés par les négociations des agents de change. Ceux des matières métalliques et des changes sont empruntés aux opérations des courtiers, banquiers et négociants.

Nous n'aurons pas à nous occuper particulièrement des cours des actions et obligations dont l'achat et la vente se traitent sur place et ne donnent lieu à aucun calcul de changes, ni à aucune combinaison d'arbitrages avec l'étranger. Néanmoins, nous en présenterons quelques exemples dans les calculs de Paris.

Ainsi nous allons expliquer les cours des changes ou effets de commerce sur l'étranger, des matières d'or et d'argent et des fonds d'Etats. A cet effet, nous avons choisi la cote de Paris et les cotes des huit principales places cambistes avec lesquelles Paris fait le plus fréquemment des opérations financières.

Nous les donnerons telles qu'elles ont été toutes publiées à l'époque du 30 Septembre 1876. Cette date expliquera la faiblesse des cours de l'argent en barre, qui avait alors subi une grande dépréciation.

De la lecture des cours de la bourse financière

Lorsque nous aurons présenté les neuf cotes dont il a été question ci-dessus, nous y ajouterons les développements nécessaires pour les calculs de changes et d'arbitrages.

Les explications qui vont suivre n'ont d'autre objet que de rendre intelligible la lecture des cotes.

COTES DES CHANGES

Le mot changes, qui a plusieurs acceptions, signifie ici, ainsi que nous l'avons dit dans le chapitre précédent, effets de commerce sur l'étranger.

Si l'on avait sous les yeux le cours authentique de la bourse de Paris, dont nous avons extrait la cote que l'on trouvera plus loin, on verrait, au verso du second feuillet, le tableau des changes disposé sur quatre colonnes verticales intitulées : *Escompte à l'étranger, Changes, Papier long, Papier court*. Dans la dernière colonne on a ajouté ces mentions : pour toutes les valeurs se négociant à 3 mois *et* 4 0/0, et pour les valeurs se négociant à vue, le mot *moins* suivi du taux de l'escompte, tel qu'il figure déjà dans la première colonne, celle de l'escompte à l'étranger.

L'escompte à l'étranger est le taux actuel d'intérêt de la place où les valeurs sont payables. Quant au taux invariable de 4 0/0, adopté à Paris pour les valeurs qui se traitent à 3 mois, il sera expliqué ci-après.

La colonne des changes indique les valeurs ou *devises*. Par Hollande, Allemagne, Madrid, Vienne, etc., il faut entendre papier sur la Hollande, sur l'Allemagne, sur Madrid, sur Vienne, etc.

Papier long signifie qui a plus de 3 semaines ou 1 mois à courir ; le papier court est le papier à vue, à 8, 10, 15 ou 20 jours.

Dans la place de Paris, les valeurs sur l'étranger se traitent généralement à 3 mois, à l'exception du papier sur Londres, sur la Belgique, la Suisse et l'Italie, depuis que ces trois derniers pays ont adopté notre système métrique et notre unité moné-taire. De là ces deux catégories : *Valeurs se négociant à 3 mois, Valeurs se négociant à vue*. Dans d'autres places, les échéances indiquées pour l'évaluation de chaque devise sont déterminées par les usages du commerce.

Dans les colonnes *Papier long* et *Papier court*, à la suite de la valeur *Hollande* ou *Amsterdam*, on lit : 207 à 207 ¼ et 206 ½ à 206 ¾. Pour compléter ces indications de prix il faudrait y ajouter le mot *francs* suivi de la base 100 *florins courants* sous-entendue. Dès lors ces chiffres signifient, dans la première colonne, que les acheteurs de papier long offrent 207 francs et que les vendeurs demandent 207 ¼ francs pour 100 florins courants, tandis que, dans la deuxième colonne, ils signifient que les acheteurs de papier court n'offrent que 206 ½ francs et que les vendeurs ne demandent que 206 ³/₄ francs pour 100 florins courants.

Pour plus de facilité nous indiquerons toujours la base à la suite du cours de chaque devise dans les neuf cotes que nous présenterons.

Nous venons de voir que les cours des changes sont indiqués d'après une base sous-entendue, que nous rétablirons, afin de les faire comprendre. La base peut varier selon l'importance de l'unité monétaire. Ainsi on prend pour base l'unité monétaire elle même, lorsqu'elle est considérable, comme en Angleterre, et 100, plus ou moins, lorsqu'elle est faible, comme en France, en Hollande, en Allemagne, etc.

Dans la plupart des places, la base est en monnaie étrangère, et l'on fait varier la monnaie de son pays, suivant les circonstances. On dit alors que l'on donne le *variable* ou *incertain* en échange de l'*invariable* ou *certain*.

A Paris, en Hollande, en Allemagne, à Vienne, en Belgique, en Suisse, en Italie, etc., c'est la monnaie de la place qui varie et dont on donne ou reçoit plus ou moins, selon que le papier des autres places est plus ou moins recherché. A Saint-Pétersbourg, c'est l'inverse, la base est en monnaie de la place et l'on donne ou reçoit invariablement 1 ou 100 roubles pour une quantité plus ou moins grande de monnaie étrangère, suivant que le papier de la place étrangère est plus ou moins abondant. Il en est de même à Madrid. A Londres, on donne ou reçoit l'invariable pour le papier sur Paris, la Hollande, l'Allemagne, l'Autriche, la Belgique, la Suisse, l'Italie, etc. ; mais on donne ou reçoit le variable pour le papier sur Madrid, le Portugal et Pétersbourg.

On distingue le papier d'une place de la place elle-même en faisant précéder de l'article le nom de la ville où il est payable. C'est ainsi que l'on dit : le Paris, l'Amsterdam, *du* Londres, *du* Hambourg, au lieu de dire : du papier sur Paris, sur Amsterdam, sur Londres, sur Hambourg. Mais il est ridicule de dire en faisant précéder de l'article le nom du pays : le France, le Belgique, du Hollande ou de l'Allemagne, etc.

On a vu, à la suite du cours des valeurs qui se négocient à trois mois, à Paris : et 4 0/0. Cela veut dire que si le papier a moins de trois mois à courir, il vaut le prix du cours à trois mois augmenté de l'intérêt à 4 0/0, pour le temps à retrancher des trois mois. A la suite du cours des valeurs qui se négocient à vue, il y a : pour Londres, moins 2 0/0 ; pour la

Belgique, moins 2 ½ 0/0 ; pour la Suisse, moins 3 0/0 et pour l'Italie, moins 5 0/0. Cela signifie que le papier qui n'est pas à vue vaut le prix du cours à vue diminué de l'intérêt indiqué pour le temps à ajouter.

Ce taux invariable de 4 0/0 adopté à Paris pour les valeurs se négociant à 3 mois s'appelle taux de compensation. Nous allons voir pourquoi.

Disons d'abord que la recherche du papier long peut avoir pour cause le calme ou la confiance, et la recherche du papier court le trouble ou la défiance. C'est ce qui se produit quelquefois pour le papier se négociant à vue.

Pour les valeurs se négociant à 3 mois, il arrive que le cours du papier long est plus ou moins élevé, à Paris, que celui du papier court, selon que le taux de l'escompte à l'étranger est moins ou plus élevé que le taux compensateur de 4 0/0 adopté à Paris pour les changes qui se traitent à 3 mois.

Cette question demande à être élucidée.

Par exemple, le papier long sur la Hollande est coté 207 fr. et le papier court 206 ½ fr., parce que le taux de l'escompte en Hollande est 3 0/0, c'est-à-dire 1 0/0 au-dessous de 4 0/0, le taux compensateur de Paris.

En effet, si j'achète à Paris 100 fl. sur la Hollande, à 3 mois d'échéance, à 207 fr., d'après le cours du papier long, ils seront négociés ou évalués en Hollande au taux de 3 0/0. Ce sera comme si je les avais achetés au cours de 207 fr. plus 3/4 0/0 ou 208,55 fr.

Si au contraire j'achète du papier, à vue, à 206,50 fr. d'après la cote du papier court, il me coûtera 206,50 fr. plus l'intérêt de 3 mois à 4 0/0 ou 208,56 fr., c'est-à-dire le même prix, à 1 centime près.

Donc si le cours du papier long est 207 fr. et celui du papier à courte échéance 206 ½ francs, c'est à cause de la différence de 1 0/0 sur le taux de l'escompte de Paris et de l'étranger. Effectivement cette différence est de 1/4 0/0 pour 3 mois ou de 50 centimes sur les cours 207 et 206 ½ fr.

Voici un autre exemple, dans le sens inverse, qui ne laissera plus d'hésitation à comprendre.

Le papier sur Saint-Pétersbourg est coté à trois mois 324 fr. et à courte échéance 325,60 fr., parceque l'escompte de Pétersbourg est à 6 0/0 ou de 2 0/0 plus élevé que le taux compensateur 4 0/0.

Si, d'une part, j'achète 100 roubles sur Pétersbourg, à trois mois, je ne les payerai que 324 fr., selon la cote du papier long ; mais, négociés à 6 0/0 à Pétersbourg, ils perdront 1 ½ % pour trois mois, et ce sera comme s'il m'avaient coûté 324 fr. plus 4,86 fr., le 1 ½ % de 324 fr., soit 328,86 fr.

Si, d'autre part, j'achète 100 roubles sur Pétersbourg, à vue, à 325,60 fr., selon la cote du papier court, je les payerai 325,60 fr. plus 3,26 fr., l'escompte de trois mois à 4 0/0, soit 328,86 fr., le même prix que le papier long.

Il est à supposer que le taux de compensation 4 0/0 a été inventé pour faciliter le calcul des changes qui se traitent à trois mois, par la raison que les intérêts sont de 1 0/0 pour trois mois, lorsque le taux est 4 0/0 l'an ; mais ce taux compensateur est bien gênant dans les arbitrages, ainsi qu'on le verra lorsque nous traiterons la question des parités.

Dans les calculs de changes, au chapitre *Changes avec Escompte* nous indiquerons la seule manière correcte de calculer les intérêts des effets de commerce.

COTES DES MATIÈRES D'OR ET D'ARGENT

On appelle matières d'or et d'argent non-seulement l'or et l'argent en barre ou lingot, mais encore l'or et l'argent monnayés, tels que les pièces de 20 francs, les quadruples espagnols, colombiens et mexicains, les ducats de Hollande et d'Autriche, les piastres à colonnes Ferdinand, les piastres mexicaines, les souverains anglais, les doubles aigles, aigles et demi-aigles d'Amérique, les dollars, les Guillaumes, les demi-impériales de Russie, etc.

L'or et l'argent monnayés sont cotés en monnaie de la place qui publie les cours, soit à tant la pièce, soit au poids, selon les renseignements déjà fournis en partie au chapitre des Monnaies de compte et selon les explications qui seront données dans le calcul des changes.

L'or et l'argent en barre sont appréciés sur toutes les cotes des diverses places d'après le titre de fin, à l'exception de la place de Londres qui a donné la préférence à son titre *standard* ou légal de la monnaie, dont elle a fait le titre commercial pour les lingots, ainsi qu'il a été aussi expliqué au chapitre des Monnaies de compte.

Il n'est peut-être pas inutile de répéter ici que dans plusieurs places on a adopté un cours commercial qui reste toujours le même, si ce n'est qu'il est grossi au moyen d'une prime ou diminué au moyen d'une perte, suivant la demande et l'offre.

Toutes ces questions seront éclaircies dans le calcul des changes.

Nous ajoutons, du reste, aux cours de l'or et de l'argent, dans chaque place, les indications nécessaires pour les rendre intelligibles.

COTES DES FONDS D'ÉTATS

Par fonds d'Etats il ne faut entendre ici que les rentes servies par les gouvernements qui ont contracté des emprunts inscrits au grand livre de la dette publique.

Les fonds d'Etats sont cotés d'après le capital nominal 100 et suivant la rente qu'ils produisent.

Le porteur de titres de rentes ne peut pas exiger des gouvernements le remboursement du capital prêté et encore moins du capital nominal ; il n'a droit qu'aux intérêts à 2 ½, 3, 4, 4 ½, 5 ou 6 0/0, plus ou moins, du capital nominal, tels qu'ils sont stipulés dans les certificats d'inscription de rentes. Ainsi lorsqu'on négocie un titre de rentes, on ne négocie en réalité que la rente du capital.

Les intérêts se payent par semestre ou par trimestre.

Les fonds publics de tous les pays sont cotés, même à l'étranger, dans *la monnaie des titres* délivrés aux prêteurs.

Ainsi lorsqu'on lit dans une cote *quelconque :*

3 % français	71,70
5 % id.	106,17 ½
2 ½ % hollandais	63
3 % anglais consolidés	95 ½
5 % italien	74,10
5 % autrichien	57 ½
4 ½ % russe	87 ¼
5 % russe	94 ½
5 % américain	108 ¾
3 % espagnol	14 ¼
5 % turc	12 ⁴/₅
6 % péruvien	18 ¾

Cela signifie que les cours sont :

à   71,70 francs pour le 3 % français.
» 106,17 ½ francs pour le 5 % français.
»   63 florins des Pays-Bas pour le 2 ½ % hollandais.
»   95 ½ livres sterling pour le 3 % anglais consolidé.
»   74,10 lire pour le 5 % italien.
»   57 ½ florins d'Autriche pour le 5 % autrichien.
»   87 ¼ livres sterling pour le 4 ½ % russe.
»   94 ½   id.   pour le 5 % russe.
» 108 ¾ dollars pour le 5 % américain.
»   14 ¼ piastres pour le 3 % espagnol.
»   12 ⁴/₅ livres sterling pour le 5 % turc.
»   18 ¾   id.   pour le 6 % péruvien.

On obtient en France, en Hollande, en Angleterre, en Italie, en Autriche, en Amérique, en Espagne le prix de ses fonds d'Etats en multipliant le montant des rentes négociées par le cours et en divisant le produit obtenu par le taux de la rente, parce que la rente est cotée dans la monnaie du Pays.

En Russie, en Turquie, au Pérou, etc., comme la rente n'est pas cotée en monnaie du pays, on se sert du *change fixe* pour convertir en monnaie du pays le prix obtenu dans la monnaie du titre.

Il en est de même à l'étranger pour la conversion, en monnaie de la place, des rentes qui sont cotées dans d'autres monnaies que celle de la place où elles se négocient.

Des changes fixes des fonds d'Etats

On entend par change fixe un change invariable adopté dans les différentes places pour le calcul et les arbitrages des fonds publics dont le cours est exprimé dans une autre monnaie que la leur.

Le change fixe, déterminé au moment où les gouvernements font leurs emprunts, ne devrait jamais varier, mais il arrive que l'unité monétaire d'un pays vient à changer ou à se modifier ; alors le premier change fixe ne peut pas être maintenu et l'on convient d'un autre.

Nous allons indiquer les changes fixes des treize principales places cambistes des neuf pays dont nous présenterons les cotes.

Changes fixes de Paris

Livres sterling	1 = 25,20 francs	{	Consolidés anglais, emprunts russes 1862, 1870, 1873, 1875 et obligations anglo-sardes.
id.	1 = 25,50 id.	—	Emprunt russe 4 ½ % 1850.
id.	1 = 25 » id.	{	Emprunts turcs, péruviens, égyptiens et danubiens.
id.	1 = 25,25 id.	—	Emprunt 3 % portugais.
Florins des Pays-Bas	57 = 120 » id.	—	2 ½ % hollandais.
Florins d'Autriche	1 = 2,50 id.		
Piastre	1 = 5,40 id.		
Dollar	1 = 5 » id.		

Changes fixes de Londres

Livre sterling................	1 =	25 francs ou lire	{ Fonds stipulés en francs ou en lire.
id.	1 =	12 fl. des Pays-Bas	{ Emprunts 2 ½ % hollandais.
Florins des Pays-Bas...........	1000 =	84 ¾ livres sterl.	{ Emprunts russes 1864 et 1866, et emprunt indien-hollandais.
Livre sterling........	1 =	20 reichsmarks.	
id.	1 =	10 fl. d'Autriche.	
Rouble....................	1 =	37 ½ deniers ster.	{ Emprunts russes de 1862, 1870, 1875.
id.	1 =	37 deniers sterling.	— Emprunt russe 1822.
Livre sterling..............	1 =	6,80 roubles.	{ Obl. Charkow-Azow et Ch.-Krementschug.
id.	20 =	125 roubles.	— autres oblig. russes.
Piastre.....................	1 =	51 deniers sterling.	
Milreis......................	1 =	54 deniers sterling.	— Emprunt portugais.
Livre sterling.................	1 =	9 rixdales.	— Emprunt danois.
Dollar.....................	1 =	48 deniers sterling.	
Roupie de la Compagnie.....	1 =	24 id.	
Roupie Sicca..................	1 =	25 id.	

A Londres, les fonds étrangers, à l'exception de ceux qui sont stipulés en dollars et en roupies, sont généralement transformés en monnaie anglaise au moyen des changes fixes ci-dessus avant d'être négociés, ce qui dispense d'un rapport dans les conjointes et abrège les calculs. C'est ainsi que l'on dit 16000 livres sterling en capital 3 0/0 français, au lieu de 12000 francs de rente française 3 0/0, et 85000 livres sterling espagnols en capital, au lieu de 12000 piastres de rente espagnole 3 0/0.

Changes fixes d'Amsterdam

Francs ou lire	100 =	50 »	florins des Pays-Bas.
Livre sterling	1 =	12 »	id.
Reichsmark	1 =	0,60	id.
Thaler	1 =	1,80	id.
Florins d'Autriche..................	10 =	12 »	id.
Rouble argent..................	1 =	2 »	id.
id. assignation.........	1 =	1 »	id.
Piastre.........................	1 =	2,50	id.
Dollar	1 =	2,50	id.
Milreis du Portugal..................	10 =	27 »	id.
Marc de Banque..............	1 =	1 »	id.

Changes fixes de Berlin

Thaler	1 =	3 »	reichsmarks.
Florins du Sud	7 =	12 »	id.
Marc de banque	1 =	1,50	id.
Franc	1 =	0,80	id.
Livre sterling	1 =	20 »	id.
Florin des Pays-Bas	1 =	1,70	id.
Florin d'Autriche	1 =	2 »	id.
Florin de Pologne	1 =	0,50	id.
Rouble	1 =	3,20	id.
Dollar	1 =	4,25	id.
Rixdales	4 =	9 »	id.

Changes fixes de Hambourg

Les mêmes que ceux de Berlin, sauf les suivants :

Livre sterling	1 =	21 »	reichsmarks.
Rouble	1 =	3,30	id.
Piastre	1 =	4,50	id.
Dollar	1 =	4,50	id.

Changes fixes de Francfort-sur-le-Mein

Les mêmes que ceux de Berlin, sauf les suivants :

Florins des Pays-Bas	7 =	12 »	reichsmarks.
Piastre	1 =	4,25	id.

Changes fixes de Vienne

Francs	2 ½ =	1	florin de Vienne.
Livre sterling	1 =	10	id.
Reichsmarks	10 =	5	id.
Thalers	100 =	150	id.

Changes fixes de Saint-Pétersbourg

Les mêmes que ceux de Londres pour la conversion des livres, shillings et deniers sterling en roubles. A ces changes fixes il faut ajouter les suivants :

Livres sterling	20 =	125 roubles	Obligations Nicolas et diverses actions de chemins de fer.
Thaler	1 =	1	id.
Reichsmarks	3 =	1	id.

Changes fixes de Bruxelles

Livre sterling	1 =	25 » francs	— Rente 5 % turque.
id.	1 =	25,20 id.	— Emprunts russe 1862, 1870.
id.	1 =	25,50 id.	— Bons hongrois 1873, 1874.
Florins des Pays-Bas.	100 =	211,64 id.	{ Obligations Rotterdam et chemins indiens.
id.	100 =	211,50 id.	— Oblig. du crédit communal.
id.	100 =	212 » id.	— Obligations Amsterdam.
Thaler	1 =	3,70 id.	
Florin d'Autriche......	1 =	2,50 id.	
Piastre	1 =	5,40 id.	
Dollar....................	1 =	5,40 id.	

Changes fixes d'Anvers

Livre sterling	1 =	25,40 francs.	{ Emprunts argentine, brésiliens, méxicains, péruviens, hongrois, égyptiens 1868, Danemark, Portugal, Russie 1850, 1859, 1864, 1872, 1873, 1875.
id.	1 =	25,20 id.	{ Emprunts Buenos-Ayres 6 %, russes 1862, 1870, 1871, et dette de Turquie.
Florins des Pays-Bas.	100 =	211,64 id.	
id.	100 =	212 » id.	— Lots d'Amsterdam.
id.	100 =	211,50 id.	— Crédit communal.
Thaler	1 =	3,70 id.	
Florins d'Autriche....	1 =	2,54 id.	— Rente autrichienne.
Piastre	1 =	5,40 id.	
Dollar....................	1 =	5,30 id.	— Américains 5 % consolidés.
Lire.......................	3 =	2,54 id.	— Emprunt vénitien et Lombard.

Changes fixes de Rome

Scudi romains	100 =	537,50 lire.	
Livre sterling	1 =	25 » id.	— Emprunts turc et égyptien.

Changes fixes de Turin

Les mêmes que ceux de Rome et de plus :

Livre sterling............... 1 = 25,25 lire. — Emprunt anglo-sarde.

Changes fixes de Gênes

Les mêmes qu'à Rome et de plus :

Livre sterling............... 1 = 25,20 lire. — Emprunt anglo-sarde.

. Dans les calculs de changes, au chapitre *Fonds d'Etats*, nous indiquerons les usages de chacun des pays et de chacune des places cambistes dont nous allons produire les cotes.

COTES FINANCIÈRES

DE LA FRANCE, DE L'ANGLETERRE, DE LA HOLLANDE,
DE L'ALLEMAGNE, DE L'AUTRICHE, DE LA RUSSIE,
DE LA BELGIQUE, DE LA SUISSE ET DE L'ITALIE,
A L'ÉPOQUE DU 30 SEPTEMBRE 18..

2

COTE DE PARIS

Changes

Escompte à l'étranger	CHANGES	PAPIER LONG	PAPIER COURT	INTÉRÊT à Paris	BASE DU COURS
		Valeurs se négociant à 3 mois			
3 %	Hollande......	207 à 207 ¼	206 ½ à 206 ¾	et 4 %	100 fl. des Pays-Bas.
4 %	Allemagne ..	122 ⅜ » 122 ⅝	121 ⅞ » 122 ⅛	id.	100 reichsmarks.
6 %	Madrid..........	497 » 498	498 » 499	id.	100 piast. ou pesetas.
6 %	Barcelone.....	503 » 504	504 » 505	id.	100 id. id.
6 %	Portugal.......	546 » 547	546 » 547	id.	100 milreis.
5 %	Vienne........	204 » 204 ½	204 » 204 ½	id.	100 flor. d'Autriche.
6 %	Pétersbourg.	324 » 325	325,60 » 326,60	id.	100 roubles.
		Valeurs se négociant à vue			
2 %	Londres........	25,21 ½ à 25,26 ½	25,16 à 25,21	m. 2 %	1 livre sterling.
2½ %	Belgique.......	1/16 p. » 1/16 b.	⅛ p. » pair.	» 2½ %	100 fr. de Belgique.
3 %	Suisse..........	1/16 p. » 1/16 b.	3/16p. » 1/16 p.	» 3 %	100 fr. de Suisse.
5 %	Italie (lire) ..	7 ⅛ p. » 6 ⅞ p.	7 ¼ p. » 7 % p.	» 5 %	100 lire.
5 %	Italie (or)......	⅛ p. » pair.	⅜ p. » ⅛ p.	» 5 %	100 lire.

Escompte de Paris........................ 3 %

Matières d'Or et d'Argent

Or en barre, à 1000/1000, le kil. 3434,44 et 1 ‰ prime.
Argent en barre, à 1000/000, le kil. 218,89 moins 135 à 145 ‰ perte.
Quadruples espagnols 81 à 81,50 fr.
Quadruples colombiens et mexicains, 80,50 à 80,70 fr.
Ducats de Hollande et d'Autriche, 11,70 à 11,75 fr.
Piastres à colonnes, Ferdinand, 4,85 à 4,95 fr.
Piastres mexicaines, 4,45 à 4,55 fr.
Souverains anglais, 25,17 à 25,20 fr.
Doubles aigles d'Amérique (20 dollars) 103 à 103,20 fr.
Dollars 5,10 à 5,15 fr.
Guillaume (20 mark), 24,50 à 24,60 fr.
1/2 Impériales de Russie (5 roubles), 20,50 à 20,55 fr.

Fonds d.Etats français et étrangers

DÉSIGNATION	JOUISSANCE	COURS
3 % Français................	1er janvier, avril, juillet, octobre.	71,70 francs.
5 % id.	16 février, mai, août, novembre..	106,17 ½ id.
2 ½ % Hollandais........	1er janvier, 1er juillet................	63 fl. des Pays-Bas.
3 % Anglais consolidés.	5 id. 5 id.	95 ½ livres sterling.
5 % Italien................	1er id. 1er id.	74,10 lire.
5 % Autrichien argt.....	1er id. 1er id.	57 ½ fl. d'Autriche.
4 ½ % Russe 1875...... ..	1er avril, 1er octobre................	87 ¼ livres sterling.
5 % Russe 1870.......... ...	1er février, 1er août................	94 ½ id.
5 % Américain	1er id. mai, août, novembre.	108 ¾ dollars.
3 % Espagnol ext.	1er janvier, 1er juillet................	14 ¼ piastres.
5 % Turc................	1er id. 1er id.	12 ⁴/₈ livres sterling.
6 % Péruvien	1er id. 1er id.	18 ¾ id.

Actions et Obligations françaises

VALEUR NOMINALE	DÉSIGNATION	JOUISSANCE	COURS
1000 fr. actions libérées........	Banque de France..	juillet..	3715 » fr.
1000 fr. id. 500 fr. payés.	Banque de Paris et des Pays-Bas.	id.	1067 » fr.
500 fr. id. 125 fr. id.	Société des Dépôts et Ctes Courants	mai	631,25 fr.
500 fr. obligations à 3 %....	Paris-Lyon-Méditerranée, fusion.	juillet..	332,50 fr.

COTE DE LONDRES

Changes

3 %	Paris..............	court (vue)	25,22 ½ francs	pour 1 livre sterling
	id.	3 mois	25,37 ½ id.	» 1 id.
3 %	Hollande.......	court (vue)	12 ²/₂₀ florins des P.-Bas..	» 1 id.
	id.	3 mois	12.3 ½ id.	» 1 id.
6 %	Madrid.........	3 id.	47 ¼ deniers sterling	» 1 piastre.
6 %	Portugal......	3 id.	51 ⅞ id. id.	» 1 milreis.
5 %	Vienne.........	3 id.	12,32 ½ florins autrichiens	» 1 livre sterling.
6 %	Pétersbourg .	3 id.	30 ⅞ deniers sterling	» 1 rouble.
2½ %	Belgique.......	3 id.	25,37 ½ francs belges	» 1 livre sterling
5 %	Italie............	3 id.	27,35 lire..................	» 1 id.

Escompte de Londres. .... 2 %

Matières d'or et d'argent

Or en barre, à 22/24 l'once, 3.17.9 livres sterling.
Or en barre, contenant 1 oz. d'argent fin sur 12 oz. 3.17.10 ½ livres sterling.
Argent en barre, à 11.2/12 l'once, 52 ⁹/₁₆ deniers sterling.
Argent en barre, contenant 5 grains d'or sur 12 onces, 52 ¹⁵/₁₆ deniers sterling.
Monnaie française d'or 3.16.2 ½ livres sterling l'once, poids brut.
1/2 Aigles d'Amérique (5 dollars) 3.16.4 ½ livres sterling l'once, poids brut.
1/2 Impériales de Russie (5 roubles) 3.17.7 ¾ livres sterling l'once, poids brut.
Pièces de 5 francs, 47 ¼ deniers sterling, la pièce.

Fonds d'Etats

3 %	Anglais consolidés	95 ⅞	livres sterling.
3 %	Français..........	71 ¾	francs.
5 %	Français..........	105 ⅜	francs.
5 %	Italien	73 ⅜	lire.
5 %	Autrichien, argent.....	57 ½	florins.
4 ½ %	Russe 1875.............................	85 ¾	livres sterling.
5 %	Américain	107 ¹⁵/₁₆	dollars.
3 %	Espagnol extérieur	14 ⅛	piastres.
5 %	Turc	12 ⁷/₁₆	livres sterling.
6 %	Péruvien	18 ⅝	id.

2.

COTE DE HOLLANDE

Changes

3 %	Paris............	court.....	47,95	fl. des Pays-Bas.....	pour 100 francs.	
	id.	2 mois..	47,50	id.	» 100 id.	
4 %	Allemagne ..	court	58,80	id.	» 100 reischmarks.	
	id. ..	3 mois..	58,45	id.	» 100 id.	
6 %	Espagne	3 id. ..	237 »	id.	» 100 piastres.	
6 %	Portugal......	3 id. ..	259 »	id.	» 100 milreis.	
5 %	Vienne	3 id. ..	97 »	id.	» 100 florins d'Autriche.	
6 %	Pétersbourg.	3 id. ..	154,50	id.	» 100 roubles.	
2 %	Londres........	court	12,06	id.	» 1 livre sterling.	
	id.	2 mois..	12,03	id.	» 1 id.	
2½ %	Belgique	court	47,70	id.	» 100 fr. de Belgique.	
	id.	3 mois.	47,40	id.	» 100 id.	
3 %	Suisse	court	47,60	id.	» 100 francs de Suisse.	
	id.	3 mois..	47 »	id.	» 100 id.	
5 %	Italie...........	3 mois..	43,80	id.	» 100 lire.	

Escompte d'Amsterdam.............................. 3 %.

Matières d'Or et d'Argent

Or en barre à 1000/1000, le kilog. 1442,60 et 14 ¼ % prime
Argent en barre à 1000/1000, le kilog. 90 florins.

Fonds d'Etats

2 ½ %	Hollandais................................	62 ¾	florins des Pays-Bas.
3 %	Français	68 ½	francs.
5 %	id.	101 »	id.
5 %	Italien	69 ⅝	lire.
5 %	Autrichien, argent	55 ¾	florins d'Autriche.
4 ½ %	Russe 1875..	85 ¼	livres sterling.
5 %	Américain....................	103 ¾	dollars.
3 %	Espagnol extérieur................	13 $^{13}/_{16}$	piastres.
5 %	Turc.................	11 ⅜	livres sterling.
6 %	Péruvien	17 ⅛	id.

COTE D'ALLEMAGNE

Comprenant Berlin, Hambourg et Francfort

Changes

3 %	Paris...............	8 jours	81,05	reichsmarks	pour	100 francs.	
3 %	Hollande.........	8 jours	169	»	id.	» 100 fl. des Pays-Bas.	
	id.	2 mois	168,35	id.	»	100 id.	
5 %	Vienne	8 jours	165,50	id.	»	100 fl. d'Autriche.	
	id.	2 mois	164,10	id.	»	100 id.	
6 %	Pétersbourg....	3 semaines	265,90	id.	»	100 roubles.	
	id.	3 mois	262,10	id.	»	100 id.	
2 %	Londres.........	8 jours	20,43	id.	»	1 livre sterling.	
	id.	3 mois	20,37	id.	»	1 id.	
2 %	Belgique	8 jours	80,90	id.	»	100 francs de Belgique.	
	id.	2 mois	80,60	id.	»	100 id.	

Escompte de l'Allemagne................ .... 4 %

Matières d'or et d'argent

Or en barre à 1000/1000, la livre de 500 grammes 1392 rm.
Argent en barre, à 1000/1000, la livre de 500 grammes 78 rm.
Pièces de 20 francs, la pièce 16,27 rm.
Pièces de 20 francs, par 500 grammes, poids brut 1251,468 rm.
Ducats de Hollande, la pièce 9,75 rm.
Souverains anglais, la pièce 20,36 rm.
1/2 Aigles d'Amérique (5 dollars), la pièce 21,91 rm.
1/2 Impériales de Russie (5 roubles), la pièce 16,69 rm.
1/2 Impériales de Russie (5 roubles), par 500 gr. de fin, 1395 rm.

Fonds d'Etats

5 %	Français...	avec	Francfort	106 ½	francs	
5 %	Italien	»	Berlin	73,30	lire	
5 %	Autrichien argent (Int. 4 ⅘ %)	»	Francfort	57 ⅝	fl. d'Aut.	
5 %	Américain........................	»	Berlin	102,70	dollars.	
3 %	Espagnol extérieur	»	Francfort	13 ¾	piastres.	
5 %	Turc	»	Hambourg	11 ¼	liv. sterl.	

COTE DE VIENNE

Changes

3 %	Paris	3 mois..	48,50 fl. d'Autriche....	pour 100 francs.
3 %	Hollande......	3 id.	101 » id.	» 100 florins des Pays-Bas.
4 %	Allemagne ..	3 id.	59,60 id.	» 100 reichsmarks.
2 %	Londres	3 id.	122,50 id.	» 10 livres sterling.
3 %	Suisse	3 id.	47,75 id.	» 100 francs de Suisse.
5 %	Italie	3 id.	45,20 id.	» 100 lire.

Escompte de Vienne... .... 5 %.

Matières d'Or et d'Argent

Argent en barre, 100 florins argent pour 102,40 florins (cours).
Pièces de 20 francs, 9,78 florins la pièce.
Souverains anglais, 12,15 florins la pièce.

Fonds d'Etat

5 % Autrichien, argent, 68,80 florins d'Autriche.

COTE DE PÉTERSBOURG

Changes

3 %	Paris............	3 mois..	333 ½ francs............	pour 100 roubles.
3 %	Hollande......	3 id.	160 florins de Hollande...... ...	» 100 id.
4 %	Allemagne ..	3 id.	270 ½ reichsmarks....................	» 100 id.
5 %	Vienne	3 id.	163 florins d'Autriche	» 100 id.
2 %	Londres	3 id.	31 $^{19}/_{32}$ deniers sterling	» 1 id.
2½ %	Belgique......	3 id.	334 francs de Belgique	» 100 id.

Escompte de Pétersbourg. .... 6 %

Matières d'Or et d'Argent

½ Impériales de Russie, 6,25, à la pièce ou au poids.

COTE DE BELGIQUE

Comprenant Bruxelles et Anvers

Changes

3 %	Paris..........	court ou à vue	100,05 fr. de Belgique.	pour 100 francs.	
3 %	Hollande....	id.	208,90 id.	» 100 fl. de Hollande.	
4 %	Allemagne.	id.	123,35 id.	» 100 reichsmarks.	
5 %	Vienne	terme ou 15 jours.	207 » id.	» 100 fl. d'Autriche.	
2 %	Londres	court ou à vue	25,21 id.	» 1 livre stérling.	

Escompte de Bruxelles............................... 2 ½ %.

Fonds d'Etats

5 %	Autrichien argent..	— avec Bruxelles.	— 56	florins d'Autriche.
4½ %	Russe 1875	—· » Anvers	— 86¼	livres sterling.
5 %	Américain..............	— » Bruxelles.	— 102	dollars.
3 %	Espagnol extérieur.	-- » id.	— 13½	piastres.
5 %	Turc...................	— » id.	— 11¾	livres sterling.

COTE DE SUISSE

Changes

3 %	Paris..........	court ou 15 jours.	100 ⅛ fr. de Suisse.	pour 100 francs.	
	Paris..........	2 à 3 mois...........	100 ¼ id.	» 100 francs.	
3 %	Hollande....	id.	209 id.	» 100 fl. de Hollande.	
4 %	Allemagne.	id.	123 ¼ id.	» 100 reichsmarks.	
5 %	Vienne	id.	206 ½ id.	» 100 fl. d'Autriche.	
2 %	Londres	id.	25,20 id.	» 1 livre sterling.	

Escompte de Bâle............................... 3 %.

Matières d'Or et d'Argent

Pièces de 20 francs — bénéfice 1 ½ %.

COTE D'ITALIE

Changes

3 %	Paris .... 3 mois..	106,75 lire	pour 100 francs.
2 %	Londres...................... 3° .id.	27,05 id.	» 1 livre sterling.

Escompte de Rome.. .... 5 %.

Matières d'Or et d'Argent

Pièces de 20 francs...... .... 21,54 lire, la pièce.

Fonds d'Etat

5 % Italien......... .... 79,22 ½ lire.

CHANGES

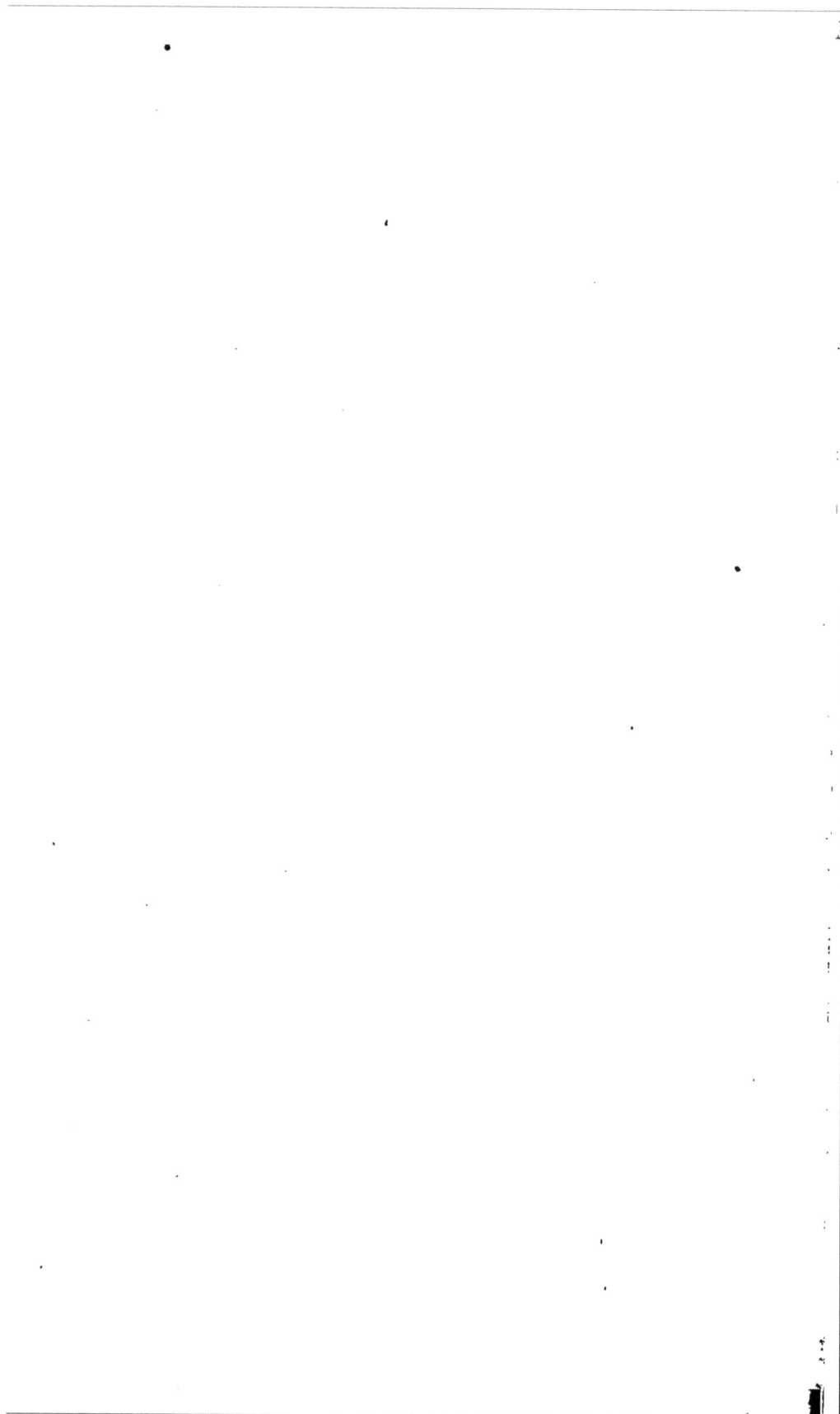

DES CALCULS DE CHANGES

Le mot *Changes*, dans les calculs de changes, a une acception moins restreinte que celle qui lui est attribuée dans les cotes, où il signifie effets de commerce sur l'étranger : il veut dire ici conversion des monnaies.

Dès lors, les calculs de changes concernent non-seulement les effets de commerce sur l'étranger, mais encore les matières métalliques ou matières d'or et d'argent, les fonds publics ou fonds d'Etats et toutes les autres valeurs dont le prix est exprimé en une monnaie que l'on veut convertir en une autre monnaie, et même lorsqu'il est exprimé en monnaie de la place qui fait les calculs.

Avant d'entreprendre les calculs de changes, il faut donner les moyens de trouver les formules les plus usitées et de tenir compte *exactement* des intérêts des effets de commerce et des fonds d'Etats.

A cet effet, nous allons expliquer les *Conjointes*, indiquer les usages des places cambistes pour le calcul des intérêts et faire connaître les *seules* méthodes à suivre pour obtenir des résultats positifs.

DES CONJOINTES

Les conjointes sont d'un fréquent usage pour la solution des problèmes qui se rapportent aux opérations de changes et d'arbitrages.

Ce n'est pas ici le cas de démontrer mathématiquement la conjointe que les étrangers appellent règle de chaîne ; nous nous bornerons à en expliquer le mécanisme tout en indiquant son origine. Elle est du reste si facile à comprendre qu'il suffit d'en avoir vu poser une ou deux pour être à même de les construire toutes.

Les conjointes se composent d'une succession de rapports formés de deux termes d'une proportion simple ou composée et disposés de telle manière, que les premiers termes représentent des extrêmes lorsque les seconds termes représentent des moyens, et réciproquement.

L'observation ayant fait reconnaître que tous les calculs de changes et d'arbitrages se bornent à composer un dividende et un diviseur dont on tire un quotient, on a cherché le moyen de réunir sur deux lignes verticales, à droite, tous les facteurs du dividende d'une part, et, à gauche, tous les facteurs du diviseur d'autre part.

On a trouvé que ce moyen consiste à placer les uns sous les autres tous les rapports des unités entre elles, dans l'ordre de transformation de ces unités, et l'on a choisi un ordre de rapports facile à suivre, s'appliquant à tous les cas de changes et d'arbitrages et qui se résume dans les trois conditions qui suivent :

1° *Le premier terme du premier rapport est X représentant la quantité cherchée, le deuxième terme du premier rapport exprime la quantité connue sur laquelle on opère.*

2° *Tous les rapports qui viennent après le premier commencent par des unités de la même espèce que celles qui terminent le rapport précédent.*

3° *Le dernier rapport finit par des unités de la même espèce que la quantité cherchée.*

Tel est l'ordre que nous suivrons *invariablement* pour composer nos conjointes, et il nous suffira d'écrire les uns sous les autres les divers rapports connus pour obtenir, sur une première ligne verticale, tous les facteurs du diviseur et, sur une seconde ligne verticale, tous les facteurs du dividende ; en un mot, pour poser des conjointes et en déduire des formules.

Toute conjointe est bien conçue, qui représente exactement l'opération dont on veut trouver le résultat.

Afin d'éclaircir le raisonnement qui précède, nous allons proposer deux problèmes sur le calcul des changes, construire deux conjointes, en donner la signification, en extraire les formules et indiquer les résultats cherchés.

1er *Problème*

Je dois à Amsterdam 2500 florins exigibles dans trois mois et je veux les régler en papier sur Amsterdam, à trois mois d'échéance, au cours de 207 francs les 100 florins, tel que ce cours est indiqué sur la cote de Paris. Combien de francs aurai-je à débourser ?

Conjointe

fr. esp. x	2500 fl. 3 m.
fl. 3 m. 100	207 fr. esp.

Signification de la conjointe

1° Je cherche combien de francs en espèces je dépenserai à Paris pour y acheter 2500 florins, en papier sur Amsterdam, à trois mois d'échéance ;

2° Sachant que 100 florins, en papier sur Amsterdam, à trois mois d'échéance, coûtent, à Paris, 207 francs en espèces.

Formule

$$\frac{2500 \times 207}{100}$$

Résultat

$$x = 5175 \text{ francs}$$

2° Problème

Il m'est dû à Berlin 20000 reichsmarks échus que je veux y faire employer en achat d'or fin. L'or fin étant coté à Berlin 1392 reichsmarks la livre de 500 grammes, je désire savoir combien de kilogrammes on en achètera à Berlin ?

Conjointe

kᵒˢ or fin x	20000 rm. esp.
rm. esp. 1392	500 gr. or fin
gr. or fin 1000	1 kᵒ or fin

Signification de la conjointe

1° Je cherche combien de kilogrammes d'or fin on achètera à Berlin en y dépensant 20000 reichsmarks en espèces ;

2° Sachant que 1392 reichsmarks sont dépensés à Berlin pour y acheter 500 grammes d'or fin ;

3° Sachant encore que 1000 grammes d'or fin équivalent à 1 kilogramme d'or fin.

Formule

$$\frac{20000 \times 500 \times 1}{1392 \times 1000}$$

Résultat

$$x = 7,184 \text{ kilog. or fin.}$$

La conjointe aurait pu se réduire à deux rapports et être conçue comme suit :

$$k^{os} \text{ or fin } x \qquad 20000 \text{ rm. esp.}$$
$$\text{rm. esp. } 1392 \qquad 1/2 \text{ k}^o \text{ or fin.}$$

Il nous arrivera le plus souvent, pour la clarté des opérations, de répéter au diviseur des termes du dividende et au dividende des termes du diviseur qui s'annuleront, et dont on n'aura pas à tenir compte dans les calculs.

CALCUL DES INTÉRÊTS

On ne pourrait pas entreprendre les calculs de changes sans connaître les usages des places cambistes pour le calcul des intérêts des effets de commerce, sans être initié aux moyens de les calculer et sans savoir précisément ce qu'il faut entendre par escompte et intérêt dans les conjointes, autrement dit dans les opérations de changes et d'arbitrages.

De plus, il importe infiniment d'être prémuni contre la nouvelle manie de transformer les fractions ordinaires en fractions décimales.

Nous diviserons donc ce chapitre comme suit :

1° Usages des places cambistes pour le calcul des intérêts des effets de commerce.

2° Moyens de calculer les intérêts des effets de commerce.

3° Escompte et intérêt dans les conjointes.

4° Inconvénients de transformer les fractions ordinaires en fractions décimales.

1° *Usages des places cambistes qui suivent pour le calcul des intérêts des effets de commerce*

Les mois sont comptés pour le nombre de jours qu'ils ont et l'année pour 360 jours :

à Paris,

à Amsterdam,

à Hambourg,

à Vienne,

à Bruxelles,
à Rome,
à Madrid,
à Bukarest,
à Alexandrie (quelquefois l'année est comptée
pour 365 jours).

Les mois sont comptés pour 30 jours et l'année pour 360
jours :

à Berlin,
à Francfort,
à Pétersbourg,
en Suisse (quelquefois l'année est comptée
pour 365 jours),
à Varsovie,
à Brême,
à Copenhague,
à Constantinople (quelquefois les mois sont
comptés pour le nombre de jours qu'ils ont).

Les mois sont comptés pour le nombre de jours qu'ils ont et
l'année pour 365 jours :

à Londres,
à Lisbonne,
à New-York.

2° *Moyens de calculer les intérêts des effets de commerce*

Lorsque l'année est comptée pour 360 jours, comme ce nombre
est multiple de 6, de 5, de 4 1/2, de 4, de 3, de 2 1/2, de 2 etc.,
on a inventé trois moyens de calculer les intérêts.

Le premier et le plus ancien de ces moyens est appelé méthode
des nombres ou des diviseurs fixes, parce qu'il consiste à
multiplier la somme par les jours et à diviser le *nombre obtenu*
par le *quotient* de 36000 divisés par le taux de l'intérêt, qui
prend le nom de *diviseur fixe*. Cette méthode est basée sur les
raisonnements qui suivent.

Si l'on voulait obtenir par exemple les intérêts de 15000 fr.
à 6 0/0 pour un an, on aurait cette formule :

$$\frac{15000 \times 6}{100}$$

Pour un jour elle serait ainsi modifiée :

$$\frac{15000 \times 6}{100 \times 360}$$

Pour plus d'un jour, pour 55 jours, par exemple, elle deviendrait :

$$\frac{15000 \times 6 \times 55}{100 \times 360} \quad \text{ou} \quad \frac{15000 \times 6 \times 55}{36000}$$

Or, cette formule peut être simplifiée, quels que soient les jours et la somme, en supprimant le taux 6 au numérateur et en divisant le dénominateur 36000 par ce taux. Elle sera ainsi réduite :

$$\frac{15000 \times 55}{6000}$$

D'où l'on peut induire que, pour calculer les intérêts à 6 0/0 d'une somme quelconque pendant un nombre quelconque de jours, il suffit de multiplier la somme par les jours et de diviser le produit obtenu par 6000, le diviseur fixe ou invariable.

En divisant 36000 par les taux d'intérêts les plus usités on trouve comme diviseurs fixes :

$$
\begin{array}{lll}
6000 & \text{pour} & 6 \ \% \\
7200 & » & 5 \ \% \\
8000 & » & 4 \ \tfrac{1}{2} \ \% \\
9000 & » & 4 \ \% \\
12000 & » & 3 \ \% \\
14400 & » & 2 \ \tfrac{1}{2} \ \% \\
18000 & » & 2 \ \% \\
\end{array}
$$

Une deuxième méthode, plus abréviative que la première, a été développée dans une brochure que nous avons publiée en 1833, et s'est propagée depuis, au point d'être presque généralement adoptée à Paris. Elle consiste à diviser 360, le nombre de jours attribué à l'année commerciale, par le taux de l'intérêt, afin d'obtenir un quotient qui indique la quantité de jours qu'il faut pour que les sommes produisent 1 0/0. En divisant 360 par 6 on trouve pour quotient 60 et l'on en conclut que, lorsqu'une somme est placée à 6 0/0, elle rapporte 1 0/0 tous les 60 jours, et ce nombre 60 s'appelle la base à 6 0/0.

En divisant 360 par les taux d'intérêts les plus usités on trouve comme bases :

$$
\begin{array}{lll}
60 & \text{pour} & 6 \ \% \\
72 & » & 5 \ \% \\
80 & » & 4 \ \tfrac{1}{2} \ \% \\
90 & » & 4 \ \% \\
120 & » & 3 \ \% \\
144 & » & 2 \ \tfrac{1}{2} \ \% \\
180 & » & 2 \ \% \\
\end{array}
$$

Ces bases étant le quotient de 360 divisés par le taux de l'intérêt, tandis que les diviseurs fixes sont le quotient de 36000 divisés par les mêmes taux, les bases ne sont autre chose que les diviseurs fixes divisés par 100.

Les bases étant connues, on en déduit, au moyen de leurs aliquotes, les intérêts de toute somme quelconque pendant un nombre de jours donné.

Quand on sait tirer parti des aliquotes appliquées aux bases, on calcule les intérêts avec une grande rapidité.

Si l'année est comptée pour 365 jours, le nombre de jours qu'elle a réellement dans les années ordinaires, ainsi qu'on le fait à Londres, à Lisbonne et à New-York, comme ce nombre n'est multiple que de 5, le moyen le plus simple consiste à multiplier la somme par le taux et par les jours, afin de former le dividende, et de diviser ensuite ce dividende par 36500. Le quotient exprime les intérêts cherchés.

Ainsi pour calculer l'intérêt de 15000 dollars, à 4 0/0, pendant 61 jours, on aurait la formule et le résultat ci-dessous :

$$\frac{15000 \times 4 \times 61}{36500} = 100,27 \text{ dollars}$$

Néanmoins, si l'intérêt était à 5 0/0, comme 36500 est divisible par 5 et que $\frac{36500}{5} = 7300$, il suffirait de multiplier la somme par les jours et de diviser le produit par 7300 pour trouver l'intérêt.

En effet, supposons le même capital 15000 dollars placé à 5 0/0 pendant 61 jours, on aurait :

$$\frac{15000 \times 61}{7300} = 125,34 \text{ dollars}$$

La preuve que ce résultat est juste, c'est que si de..... 125,34
    On retranche le 1/5.. 25,07

Il restera l'intérêt à 4 0/0 ci-dessus............................ 100,27

La troisième méthode est celle des fractions ordinaires. Elle est surtout employée dans les conjointes, lorsque les intérêts sont comptés par mois, par 1/4, 1/3, 1/2, 2/3 et 3/4 de mois, et lorsque les cours sont exprimés en unités et fractions ordinaires, comme 87 1/2, 18 3/4, 69 5/8, 107 15/16, etc., etc., ainsi qu'on en verra de nombreux exemples dans les calculs de changes et d'arbitrages.

Rien n'est plus facile que de s'habituer au maniement des fractions ordinaires.

On pourrait s'exercer à composer des tableaux dont on ne se servirait pas longtemps, tant il est facile de s'en passer.

Supposons qu'on voulût avoir sous les yeux des tableaux de l'intérêt en fractions ordinaires aux taux les plus usuels, on les établirait comme ci-dessous :

à 6 %				à 5 %		
1 mois	$6/12$ ou......	½ %		1 mois.................	$5/12$ %	
2 id.	$6/6$	»...... 1 %		2 id.	$5/6$ %	
3 id.	$6/4$	» 1 ½ %		3 id. $5/4$ ou......	1 $1/4$ %	
¼ id.	$6/48$	»...... $1/8$ %		$1/4$ id.	$5/48$ %	
$1/3$ id.	$6/36$	»...... $1/6$ %		$1/2$ id.	$5/36$ %	
½ id.	$6/24$	»...... ¼ %		$1/2$ id.	$5/24$ %	
$2/8$ id.	$12/36$	»...... $1/3$ % .		$2/3$ id. $10/36$ ou....	$5/18$ %	
$3/4$ id.	$18/48$	»...... $3/8$ %		$3/4$ id. $15/48$ »	$5/16$ %	

Et ainsi des taux de 4 0/0, 4 1/2 0/0, 3 0/0, 2 1/2 0/0 et 2 0/0.

3° *Escompte et intérêt dans les conjointes*

Tous les effets de commerce devraient être cotés à vue, et soumis à l'escompte de la place où ils sont payables, tels que les effets sur Londres, la Belgique, la Suisse et l'Italie sont cotés à Paris.

Alors l'escompte serait d'autant plus simple qu'il suffirait de déduire du cours à vue ou du montant des effets à escompter les intérêts à courir des valeurs à échéance.

Il est à espérer que cette amélioration se produira, à mesure que les autres pays adopteront notre système monétaire.

Jusque-là il faut bien s'arranger des cours à 3 mois, à 2 mois, à 3 semaines et à courts jours, cette dernière expression s'interprétant suivant les usages de la place.

Lorsqu'un effet coté à vue est à échéance, il vaut d'autant moins que l'échéance est plus éloignée.

Lorsqu'un effet coté à trois mois n'a pas 3 mois à courir, il vaut d'autant plus que l'échéance est moins éloignée.

Mais on n'ajoute pas les intérêts comme on retranche l'escompte.

Escompter un effet, c'est retrancher l'agio de la valeur nominale, afin que le reste exprime la valeur effective.

Ajouter des intérêts à un effet, c'est ajouter à la valeur effective ce qui manque pour former la valeur nominale.

Or l'escompte se prend en dehors et l'intérêt s'ajoute en dedans.

En effet, lorsqu'on ajoute des intérêts à une somme il s'agit de former une valeur nominale · qui, escomptée, redonne la valeur effective sur laquelle on a opéré.

Qu'un négociant, par exemple, veuille gagner 20 0/0 sur une marchandise, comme le bénéfice se calcule sur le prix de vente et non sur le prix d'achat, il faut qu'il ajoute 25 0/0 au prix d'achat pour construire un prix de vente qui lui procure un bénéfice de 20 0/0. — Exemple : un objet coûte 1200 fr., ajoutez 25 0/0 ou 1/4 au prix d'achat, vous aurez 1500 fr. pour le prix de vente ; retranchez 20 0/0 ou 1/5 de 1500 fr., le prix de vente, et vous retrouverez 1200 fr., le prix d'achat.

La règle, dans ce cas, consiste à multiplier la somme par le taux du bénéfice et à diviser le produit obtenu par 100, moins ce taux.

C'est selon cette règle que s'ajoutent les escomptes, courtages et commissions de vente ainsi que les commissions de banque et tous autres frais à tous les prix de revient et notamment à ceux d'importation.

Ce n'est pas précisément ce que nous avons en vue : nous voulons transformer immédiatement une valeur effective en valeur nominale.

Dès lors le raisonnement qui précède n'a eu pour objet que de préparer à celui qui va suivre.

Par exemple, le papier sur le Portugal étant coté, en Hollande, 259 florins les 100 milreis, à 3 mois d'échéance, et l'escompte du Portugal étant 6 0/0, on désire savoir combien ce papier vaudrait s'il était coté à vue ?

Il est évident qu'il faut que la valeur effective soit transformée en valeur nominale, de telle manière que, si de cette dernière valeur on retranche l'escompte, le reste soit bien 259, la valeur effective.

Dans ce cas, il faut multiplier la somme par 100 et diviser le produit par 100 moins l'escompte de 3 mois, à 6 0/0, ou 1 1/2. On aura donc :

$$\frac{259 \times 100}{98 \ 1/2} = 262,94$$

En effet que je retranche de............................ 262,94
Le 1 1/2 0/0 ou 3,94

Le reste................... .... 259, »

sera exactement la valeur effective primitive.

3.

Tout autre procédé pour remonter du net au brut est défectueux et donne des résultats faux.

Si l'on vous propose d'ajouter à .... 259, »
Le 1 1/2 0/0 de 259 ou 3,885

Vous n'aurez que 262,885
et il vous manquera 5 1/2 centimes.

Quand bien même vous y ajouteriez les intérêts des intérêts, autant de fois qu'il vous conviendrait, vous n'arriveriez jamais à l'exactitude parfaite.

Tout cela est clair. Il faudrait être étranger aux mathématiques et même à l'arithmétique pour ne pas comprendre.

Néanmoins on continue à employer le système erroné qui consiste à transformer la valeur effective en valeur nominale en y ajoutant seulement les intérêts que cette valeur effective produirait, et l'on appelle cela le *nivellement* des cours.

Sans insister davantage sur ce système inqualifiable, nous dirons qu'il faut faire invariablement l'escompte sur 100 considérés comme valeur nominale et comparés à 100 moins l'escompte, considérés comme valeur effective.

Les occasions de se familiariser avec l'escompte dans les conjointes se présenteront très fréquemment dans les calculs de changes et dans les calculs d'arbitrages.

4° *Inconvénient de transformer les fractions ordinaires en fractions décimales*

Gardez-vous de la fantaisie de transformer mal à propos les fractions ordinaires en fractions décimales, si vous ne voulez pas vous exposer à ralentir vos calculs et à arriver à des résultats faux. De toutes les récentes innovations celle-là est l'une des plus malheureuses et des plus dangereuses tout à la fois.

N'aurez-vous pas plus tôt fait de prendre le 1/16, le 1/32, les 15/16, les 31/32, etc., d'un nombre, que de multiplier ce nombre par 0,0625 ; 0,03125 ; 0,9375; 0,96875, etc ?

Jamais vous n'aurez un résultat exact si, au lieu de prendre le 1/3, le 1/6, le 1/12, etc. d'un nombre, vous le multipliez par 0,33, 0,66, 0,083, etc. qui ne représentent ni le 1/3, ni le 1/6, ni le 1/12, etc. de l'unité.

Encore moins 0,417 et 0,208 sont-ils les 5/12 et les 5/24 d'un franc.

On ne peut admettre qu'une exception assez rare, c'est lorsque les cours des fonds d'Etats sont exprimés en décimales et qu'on y ajoute des intérêts ; mais encore faut-il que les fractions décimales soient justes comme ci-dessous :

$$\begin{aligned}
{}^1\!/_3 &= 0{,}33 \; {}^1\!/_3 \\
{}^1\!/_6 &= 0{,}16 \; {}^2\!/_3 \\
{}^5\!/_{12} &= 0{,}41 \; {}^2\!/_3 \\
{}^5\!/_6 &= 0{,}83 \; {}^1\!/_3 \\
{}^5\!/_{24} &= 0{,}208 \; {}^1\!/_3 \\
{}^5\!/_{36} &= 0{,}13 \; {}^8\!/_9
\end{aligned}$$

Et ainsi des autres.

Supposons même que l'innovation de la transformation des fractions ordinaires ne soit pas désavantageuse, qu'en fera-t-on ? On en dressera des tableaux pour composer un barême. Où mettra-t-on ce barême ? Sur son bureau. Et si l'on est pas dans son cabinet de travail ? et si... et encore si....? On n'en finirait pas avec ces interrogations. Mais admettons que les difficultés soient toutes aplanies et que la transformation des fractions ordinaires les plus simples en décimales de cinq chiffres, dont le dernier est généralement faux, soient la panacée des arbitrages, encore faudrait-il chercher et trouver dans ce volumineux barême le précieux tableau dont on a besoin. — Au surplus la futilité de cette invention est tellement apparente qu'il est inutile de la démontrer.

Calcul des Effets de Commerce sur l'Étranger sans Escompte ni Intérêt

Lorsque les effets cotés à vue sont à vue ou échus et que ceux qui sont cotés à 3 mois ont trois mois à courir, on ne s'occupe pas du taux de l'escompte dont on n'a pas affaire.

En effet, une valeur, de la catégorie de celles qui se négocient à vue, étant à vue, n'a pas d'escompte à supporter et l'on dit avec raison qu'elle se négocie sans escompte ; on dit aussi, mais improprement, d'une valeur cotée à trois mois, n'ayant pas moins de trois mois à courir, qu'elle se négocie sans escompte pour exprimer qu'elle se négocie sans addition d'intérêt.

Quoi qu'il en soit de l'incorrection de l'expression dans ce dernier cas, le calcul est très-simple et n'exige pas l'emploi de la conjointe : il suffit de multiplier la somme par le cours et de diviser le produit obtenu par la base.

Une valeur de 12000 florins sur Amsterdam, ayant trois mois à courir, coûtera ou produira à Paris 2484 francs, si 100 florins, à 3 mois, sont cotés 207 francs, d'après le calcul ci-dessous :

$$\frac{1200 \times 207}{100} = 2484$$

C'est au moyen de formules analogues à celle-là que nous indiquerons tous les calculs sans escompte d'effets sur l'étranger.

Il faut toutefois prévenir que pour les places de Londres et de St-Pétersbourg, qui donnent l'invariable, on multiplie la somme par la base et l'on divise le produit obtenu par le cours.

Passons aux exemples, qui ne seront pas nombreux, à cause de la simplicité des calculs. Nous en donnerons deux pour chacune des 9 cotes qui précèdent.

CALCULS DE PARIS

Problèmes

Quel est le prix en francs des deux changes ci-dessous :
1° 5419,80 piastres, Madrid, 3 mois, à 497 fr. ;
2° 1245.9.8 livres sterl., Londres, vue, à 25,21 ½ fr. ?

Solutions

$$1° \quad \frac{5419,80 \times 497}{100} = 26936,40$$

$$2° \quad \frac{1245.9.8 \; 25,21 \; ½}{1} = 31404,85$$

Opérations du 2ᶜ problème

25,215 × 1245 = ...,....................		31392,675
Pour 4 shillings ⅕ de 25,215......................		5,043
» 4 id. — de 25,215......................		5,043
» 1 id. ¼ de 5,043.........		1,2607
» 4 deniers sterling ⅓ de 1,2607.............		0,4202
» 4 id. ⅓ de 1,2607		0,4202
Ensemble.............		31404,862
Et en arrondissant les centimes....................................		31404,85

CALCULS DE LONDRES

Problèmes

Quel est le prix en livres sterling des deux changes ci-dessous :
1° 12000 francs, Paris, court, à 25,22 1/2 fr. ;
2° 2500 florins, Amsterdam, 3 mois à 12.3 1/2 fl. ?

Solutions

$$1° \quad \frac{12000 \times 1}{25,22\,\frac{1}{2}} = 475.14.4$$

$$2° \quad \frac{2500 \times 1}{12.3\,\frac{1}{2}} = 205.6.9$$

Opérations du 1ᵉʳ Problème

$$\frac{12000 \times 1}{25,225} = 475,71853$$

Transformation des 5 décimales en shillings et deniers sterling :

$$\frac{71853 \times 20}{100000} = 14,3706$$

$$\frac{3706 \times 12}{10000} = 4,447$$

D'où 475 livres sterlings, 14 shillings, 4 deniers sterling.

Opérations du 2ᵐᵉ Problème

Il faut savoir d'abord que Londres divise encore les florins des Pays-Bas en stuvers (sous) ou vingtièmes de florins. Ainsi 3 1/2 stuvers = $\frac{3\,1/2}{20}$ ou $\frac{7}{40}$ = 0,175.

Dès lors nous aurons la formule qui suit :

$$\frac{2500 \times 1}{12,175} = 205,3388$$

Transformation des 4 décimales en shillings et deniers sterling :

$$\frac{3388 \times 20}{10000} = 6,776$$

$$\frac{776 \times 12}{1000} = 9,312$$

D'où 205 livres sterlings, 6 shillings, 9 deniers sterling.

CALCULS DE LA HOLLANDE

Problèmes

Quel est le prix en florins des Pays-Bas des deux changes d'autre part :

1.º 2389 milreis, Portugal, 3 mois, à 259 fl. ;

2° 1348.13 livres sterling, Londres, 2 mois, à 12,03 fl. ?

Solutions

$$1° \quad \frac{2389 \times 259}{100} = 6187,50$$

$$2° \quad \frac{1348.13 \times 12,03}{1} = 16224,25$$

Opérations du 2ᶜ Problème

12,03 × 1348 = ...	16216,44
Pour 10 shillings 1/2 de 12,03..................	6,015
» 2 id. 1/10 de 12,03	1,203
» 1 id. 1/2 de 1,203	0,601
Ensemble........	16224,259
Et en supprimant les 9 millièmes	16224,25

REMARQUE. — Il eût été plus simple de convertir les 13 shillings en 65 centièmes et l'opération se serait réduite à multiplier 1348,65 par 12,03.

CALCULS DE L'ALLEMAGNE

Problèmes

Quel est le prix en reichsmarks des deux changes ci-dessous :

1° 2642,80 florins, Vienne, 2 mois, à 164,10 rm. ;

2° 8800, » roubles, Pétersbourg, 3 sem., à 265,90 rm. ?

Solutions

$$1° \quad \frac{2642,80 \times 164,10}{100} = 4336,85$$

$$2° \quad \frac{8800 \times 265,90}{100} = 23399,20$$

CALCULS DE VIENNE

Problèmes

Quel est le prix en florins d'Autriche des deux changes ci-dessous :

1° 9955,60 reichsmarks, Allemagne, 3 mois, à 59,90 fl. ;

2° 10000, » lire, Italie, 3 mois, à 45,20 fl. ?

Solutions

1° $\dfrac{9955,60 \times 59,60}{100} = 5933,55$

2° $\dfrac{10000 \times 45,20}{100} = 4520$ »

CALCULS DE ST-PÉTERSBOURG

Problèmes

Quel est le prix en roubles des deux changes ci-dessous :
1° 542.14.4 livres sterl. Londres, 3 mois, à 31 19/32 den. st. :
2° 5000, » francs, Belgique, 3 mois, à 334 fr. ?

Solutions

1° $\dfrac{542.14.4 \times 1}{31\ 19/32} = 4122,70$

2° $\dfrac{5000 \times 100}{334} = 1497,$ »

Opérations du 1er Problème

1° Transformation des livres sterling en shillings.

$$542 \times 20 = 10840 + 14 = 10854$$

2° Transformation des shillings en deniers sterling.

$$10854 \times 12 = 130248 + 4 = 130252$$

3° Transformation des deniers du dividende en 32èmes.

$$130252 \times 32 = 4168064$$

4° Transformation des deniers du diviseur en 32èmes.

$$31 \times 32 = 992 + 19 = 1011$$

5° Division.

$$\dfrac{4168064}{1011} = 4122,70$$

CALCULS DE LA BELGIQUE

Problèmes

Quel est le prix en francs de Belgique des deux changes d'autre part :

1° 17548 florins, Hollande, court, à 208,90 fr. de Belgique ;
2° 11000 reichsmarks, Allemagne, court, à 123,35 de Belgique ?

Solutions

$$1° \quad \frac{17548 \times 208,90}{100} = 36657,75$$

$$2° \quad \frac{11000 \times 123,35}{100} = 13568,50$$

CALCULS DE LA SUISSE

Problèmes

Quel est le prix en francs de Suisse des deux changes ci-dessous :
1° 40000 francs, Paris, 2 mois, à 100 1/4 fr. de Suisse ;
2° 1383.10 livres sterl., Londres, 2 mois, à 25,20 fr. de Suisse ?

Solutions

$$1° \quad \frac{40000 \times 100\ 1/4}{100} = 40100$$

$$2° \quad \frac{1383\ 1/2 \times 25,20}{1} = 34864,20$$

CALCULS DE L'ITALIE

Problèmes

Quel est le prix en lire des deux changes ci-dessous :
1° 500 francs, Paris, 90 jours, à 106,75 lire ;
2° 50 livres st., Londres, 90 jours, à 27,05 lire ?

Solutions

$$1° \quad \frac{500 \times 106,75}{100} = 533,75$$

$$2° \quad \frac{50 \times 27,05}{1} = 1352,50$$

CALCUL DES EFFETS DE COMMERCE SUR L'ÉTRANGER AVEC ESCOMPTE OU INTÉRÊT

Sous ce titre : *Escompte dans les conjointes*, nous avons expliqué qu'un effet coté à vue vaut d'autant moins que l'échéance est plus éloignée, tandis qu'un effet coté à 3 mois vaut d'autant plus que l'échéance est plus rapprochée.

Nous représentons invariablement la valeur nominale par 100, qui est notre terme de comparaison, et la valeur effective par 100, moins l'escompte, que cet escompte soit à retrancher de la valeur nominale ou qu'il faille ajouter l'intérêt comme escompte à la valeur effective pour reconstruire la valeur nominale.

Rien de plus simple ni de plus correct que ce procédé.

Nous disons par conséquent : 100 *à 2 mois* = 99 *à vue* ou 99 *à vue* = 100 *à 2 mois*, lorsque le taux de l'escompte est à 6 0/0, par ce qu'on évaluerait à 99 unités de la monnaie vendue ou achetée 100 unités en papier coté à vue qui aurait 2 mois à courir, et qu'au contraire on évaluerait à 100 unités 99 unités d'une valeur à vue cotée à 2 mois.

De même 100 *à 3 mois* = 99 7/12 *à 2 mois*, lorsque le taux est à 5 0/0, parce que 100 unités d'une monnaie en papier à 3 mois d'échéance ne valent pas plus que 99 $^7/_{12}$ de la même monnaie qui n'a que 2 mois à courir. En effet, 5 0/0 par an font 5/12 0/0 par mois, et $100 - 5/12 = 99\ ^7/_{12}$.

De même encore 98 5/8 *à vue* = 100 *à 3 mois* lorsque le taux est à 5 ½ 0/0, parce que 98 5/8 unités d'une monnaie à vue ou en espèces valent autant que 100 unités d'une même monnaie en papier qui a 3 mois à courir. En effet 5 1/2 0/0 par an font $\frac{5\ 1/2}{12}$ ou $\frac{11}{24}$ 0/0 par mois, c'est-à-dire 11/8 ou 1 3/8 pour 3 mois, et $100 - 1\ 3/8 = 98\ 5/8$.

Et ainsi des autres cas d'escompte dont nous allons donner des exemples.

Quoique cette question soit très-intéressante et demande à être bien comprise, nous n'en présenterons non plus que deux exemples pour chacune des 9 places cambistes dont nous avons donné les cotes, par la raison que pour former les parités des effets de commerce, dans les calculs d'arbitrage, nous rencontrerons constamment des questions d'escompte.

Les problèmes seront résolus au moyen des conjointes et nous donnerons la signification des deux premières. Par analogie, on trouvera facilement la signification des conjointes qui viendront ensuite.

CALCULS DE PARIS

Problèmes

Quel est le prix en francs, à vue ou en espèces, à la date du 1er octobre, des deux changes d'autre part :

1° 5419,80 piastres, Madrid, 15 novembre, à 497 fr., 3 mois, intérêt 4 0/0 ;

2° 1245.9.8 livres st., Londres, 30 novembre, à 25,21 1/2 fr., vue, escompte 2 0/0 ?

Solution du 1ᵉʳ problème

CALCUL DE L'INTÉRÊT A AJOUTER

Du 1ᵉʳ octobre au 15 novembre, il y a 1 1/2 mois, c'est-à-dire 1 1/2 mois de moins à courir que le terme de la cote, qui est de 3 mois. Or l'intérêt de 1 mois à 4 0/0 = 4/12 ou 1/3 ou 2/6 et celui de 1/2 = 1/2 de 2/6 ou 1/6. Additionnant ces deux intérêts : 2/6 + 1/6 = 3/6 ou 1/2 0/0.

Si de 100 on retranche 1/2, le reste sera 99 1/2.

Conjointe

fr. vue ou esp. x	5419,80 p. 1 ½ mois.
p. 1 ½ mois 99 ½	100 p. 3 mois.
p. 3 mois 100	497 fr. vue ou esp.

Signification de la conjointe

1° Je cherche quel est le prix en francs, à vue ou en espèces, de 5419,80 piastres, à 1 1/2 mois ;

2° Sachant que 99 1/2 piastres, à 1 1/2 mois, valent autant que 100 piastres, à 3 mois ;

3° Sachant encore que 100 piastres, à 3 mois, sont cotées à Paris 497 francs, à vue ou en espèces.

Formule et résultat

$$\frac{5419,80 \times 497}{99 \frac{1}{2}} = \frac{2693640,6}{99 \frac{1}{2}}$$

Transformation en 1/2 du dividende et du diviseur.

$$\frac{2693640,6 \times 2}{(99 \times 2) + 1} = \frac{5387281,2}{199}$$

D'où $x = 27071,75$

Solution du 2ᵉ problème

CALCUL DE L'ESCOMPTE A RETRANCHER

Du 1ᵉʳ octobre au 30 novembre, il y a 2 mois, c'est-à-dire 2 mois de plus à courir que le terme de la cote, qui est à vue. Or

l'intérêt de 1 mois à 2 0/0 = 2/12 ou 1/6, et celui de 2 mois =
2/6 ou 1/3 0/0.

Si de 100 on retranche 1/3, le reste sera 99 2/3.

Conjointe

```
fr. vue ou esp. x      1245.9.8 l. st. 2 mois
l. st. 2 mois 100      99 ⅔ l. st. vue
      l. st. vue 1     25,21 ½ fr. vue ou esp.
```

Signification de la conjointe

1° Je cherche quel est le prix en francs, à vue ou en espèces,
de 1245.9.8 livres sterling, à 2 mois ;

2° Sachant que 100 livres sterling, à 2 mois, ne valent pas plus
que 99 2/3 livres sterling, à vue ;

3° Sachant encore que 1 livre sterling, à vue, est cotée à Paris
25,21 1/2 francs, à vue ou en espèces.

Formule et résultat

$$\frac{1245.9.8 \times 99\ \frac{2}{3} \times 25,215}{100}$$

D'où $x = 31300,20$

Remarque. — Nous n'avons pas à répéter ici les opérations
indiquées dans le même calcul sans escompte. Du reste, le
résultat que nous obtenons ne diffère de celui que nous avons
trouvé pour la même valeur, à vue, que par l'escompte de
1/3 0/0.

```
En effet, si de ........................................  31404,85
Nous retranchons ⅓ % ..............................    104,65
                                                      ──────────
Nous retrouverons pour reste ...................   31300,20
```

CALCULS DE LONDRES

Problèmes

Quel est le prix en livres sterling, à vue ou en espèces, à la
date du 1er octobre, des deux changes ci-dessous :

1° 12000 francs, Paris, 31 octobre, à 25,22 1/2 fr., vue,
escompte 3 0/0 ;

2° 2500 florins, Amsterdam, 31 octobre, à 12 $\frac{3\ \frac{1}{2}}{20}$ fl., 3 mois,
intérêt 3 0/0 ?

Solution du 1ᵉʳ problème

Calcul de l'Escompte a retrancher

Du 1ᵉʳ octobre à la fin, il y a 1 mois, c'est-à-dire 1 mois de plus à courir que le terme de la cote, qui est à vue. Or l'intérêt de 1 mois à 3 0/0 = 3/12 ou 1/4 0/0.

Si de 100 on retranche 1/4, le reste sera 99 3/4.

Conjointe

1. st. vue ou esp. x	12000 fr. 1 mois
fr. 1 mois 100	99 ¾ fr. vue
fr. vue 25,22 ½	1 l. st. vue ou espèces

Formule et résultat

$$\frac{12000 \times 99\,¾}{100 \times 25,22\,½} = 474,529$$

D'où x = 474.10.7

Solution du 2ᵉ problème

Calcul de l'Intérêt a ajouter

Du 1ᵉʳ octobre à la fin, il y a 1 mois, c'est-à-dire 2 mois de moins à courir que le terme de la cote qui est de 3 mois. Or l'intérêt de 1 mois à 3 0/0 = 3/12 ou 1/4 0/0 et celui de 2 mois = 2/4 ou 1/2 0/0.

Si de 100 on retranche 1/2, le reste sera 99 1/2.

Conjointe

1. st. vue ou esp. x	2500 fl. 1 mois
fl. 1 mois 99 ½	100 fl. 3 mois
fl. 3 m. 12.3 ½ ou 12,175	1 l. st. vue ou esp.

Formule et résultat

$$\frac{2500 \times 100}{99\,½ \times 12,175} = 206,87$$

D'où x = 206.7.5

CALCULS DE LA HOLLANDE

Problèmes

Quel est le prix en florins des Pays-Bas, à vue ou en espèces, à la date du 1er octobre, des deux changes ci-dessous :

1° 2389 milreis, Portugal, 30 novembre, à 259 florins, 3 mois, intérêt 6 0/0 ;

2° 1348.13 livres st., Londres, 31 décembre, à 12,03 florins, 2 mois, escompte 2 0/0 ?

Solution du 1er problème

CALCUL DE L'INTÉRÊT A AJOUTER

Du 1er octobre à la fin de novembre, il y a 2 mois, c'est-à-dire 1 mois de moins à courir que le terme de la cote, qui est de 3 mois. Or l'intérêt de 1 mois à 6 0/0 = 6/12 ou 1/2 0/0.

Si de 100 on retranche 1/2, le reste sera 99 1/2.

Conjointe

```
fl. vue ou esp. x      2389 milr. 2 mois
milr. 2 mois 99 1/2    100 milr. 3 mois
milr. 3 mois 100       259 fl. vue ou esp.
          x = 6218,60
```

Solution du 2e problème

CALCUL DE L'ESCOMPTE A RETRANCHER

Du 1er octobre à la fin de décembre, il y a 3 mois, c'est-à-dire 1 mois de plus à courir que le terme de la cote, qui est de 2 mois. Or l'intérêt de 1 mois à 2 0/0 = 2/12 ou 1/6 0/0.

Si de 100 on retranche 1/6, le reste sera 99 5/6.

Conjointe

```
fl. vue ou esp. x      1348.13 l. st. 3 mois
l. st. 3 mois 100      96 5/c l. st. 2 mois
l. st. 2 mois 1        12,03 fl.
          x = 16197,20
```

CALCULS DE L'ALLEMAGNE

Problèmes

Quel est le prix en reichsmarks, à vue ou en espèces, à la date du 1ᵉʳ octobre, des deux changes ci-dessous :

1° 2642,80 florins, Vienne, 15 novembre, à 164,10 reichsmarks, 2 mois, intérêt 5 0/0 ;

2° 8800 roubles, Pétersbourg, 15 novembre, à 265,90 reichsmarks, 3 semaines, escompte 6 0/0 ?

Solution du 1ᵉʳ problème

CALCUL DE L'INTÉRÊT A AJOUTER

Du 1ᵉʳ octobre au 15 novembre, il y a 1 1/2 mois, c'est-à-dire 1/2 mois de moins à courir que le terme de la cote, qui est de 2 mois. Or l'intérêt de 1 mois à 5 0/0 = 5/12 et celui de 1/2 mois = 5/24 0/0.

Si de 100 on retranche 5/24, le reste sera 99 19/24.

Conjointe

rm. vue ou esp. x 2642,80 fl. 1 ½ mois
fl. 1 ½ mois 99 ¹⁹/₂₄   100 fl. 2 mois
fl. 2 mois 100   164,10 rm. vue ou esp.
$x = 4345,90$

Solution du 2ᵉ problème

CALCUL DE L'ESCOMPTE A RETRANCHER

Du 1ᵉʳ octobre au 15 novembre, il y a 1 1/2 mois, c'est-à-dire 3/4 de mois de plus à courir que le terme de la cote, qui est de 3 semaines ou 3/4 de mois. Or l'intérêt de 1 mois à 6 0/0 = 6/12 ou 1/2 0/0 et celui de 3/4 de mois est de 1/2 × 3/4 = 3/8 0/0.

Si de 100 on retranche 3/8, le reste sera 99 5/8.

Conjointe

rm. vue ou esp. x 8800 r. 1 ½ mois
r. 1 ½ mois 100   99 ⅝ r. ¾ mois
r. ¾ mois 100   265,90 rm. vue ou esp.
$x = 23311,45$

CALCULS DE VIENNE

Problèmes

Quel est le prix en florins d'Autriche, à vue ou en espèces, à la date du 1er octobre, des deux changes ci-dessous :

1° 9955,60, reichsmarks, Allemagne, 31 janvier, à 59,60 florins, 3 mois, escompte 4 0/0 ;

2° 10000 lire, Italie, 15 novembre, à 45,20 florins, 3 mois, intérêt 5 0/0 ?

Solution du 1er problème

CALCUL DE L'ESCOMPTE A RETRANCHER

Du 1er octobre à la fin de janvier, il y a 4 mois, c'est-à-dire 1 mois de plus à courir que le terme de la cote, qui est de 3 mois. Or, l'intérêt de 1 mois à 4 0/0 = 4/12 ou 1/3 0/0.

Si de 100 on retranche 1/3, le reste sera 99 2/3.

Conjointe

fl. vue ou esp. x	9955,60 rm. 4 mois
rm. 4 mois 100	99 2/3 rm. 3 mois
rm. 3 mois 100	59,60 fl. vue ou esp.
$x = 5913,75$	

Solution du 2e problème

CALCUL DE L'INTÉRÊT A AJOUTER

Du 1er octobre au 15 novembre, il y a 1 1/2 mois, c'est-à-dire 1 1/2 mois de moins à courir que le terme de la cote, qui est de 3 mois. Or l'intérêt de 1 mois à 5 0/0 = 5/12 et celui de 1/2 mois = 5/24 ; 5/12 + 5/24 = 15/24 ou 5/8 0/0.

Si de 100 on retranche 5/8, le reste sera 99 3/8.

Conjointe

fl. vue ou esp. x	10000 lire 1 1/2 mois
lire 1 1/2 mois 99 3/8	100 lire 3 mois
lire 3 mois 100	45,20 fl. vue ou esp.
$x = 4548,45$	

CALCULS DE ST-PÉTERSBOURG

Problèmes

Quel est le prix en roubles, à vue ou en espèces, à la date du 1ᵉʳ octobre, des deux changes ci-dessous :

1° 542.14.4 livres st., Londres, fin janvier, à 31 19/32 deniers sterling, 3 mois, escompte 2 0/0 ;

2° 5000 francs, Belgique, fin novembre, à 334 fr. de Belgique, 3 mois, intérêt 2 1/2 0/0 ?

Solution du 1ᵉʳ problème

CALCUL DE L'ESCOMPTE A RETRANCHER

Du 1ᵉʳ octobre à la fin de janvier, il y a 4 mois, c'est-à-dire 1 mois de plus à courir que le terme de la cote, qui est de 3 mois. Or, l'intérêt de 1 mois à 2 0/0 = 2/12 ou 1/6 0/0.

Si de 100 on retranche 1/6, le reste sera 99 5/6.

Conjointe

r. vue ou esp. x	542.14.4 l. st. 4 mois
l. st. 4 mois 100	99 ⁵/₆ l. st. 3 mois
l. st. 3 mois 1	240 deniers st.
deniers st. 31 ¹⁹/₃₂	1 r. vue ou esp.
	$x = 4115,85$

REMARQUE. — L'opération, sauf l'escompte, a été indiquée dans les calculs de St-Pétersbourg sans escompte et a donné pour résultat 4122,70. Si de cette somme on retranche 1/6 0/0 ou 6,85, on trouvera bien 4115,85.

Solution du 2ᵐᵉ problème

CALCUL DE L'INTÉRÊT A AJOUTER

Du 1ᵉʳ octobre à la fin de novembre, il y a 2 mois, c'est-à-dire 1 mois de moins à courir que le terme de la cote, qui est de 3 mois. Or 1 mois d'intérêt à 2 1/2 0/0 = 5/24 0/0.

Si de 100 on retranche 5/24, le reste sera 99 19/24.

Conjointe

r. vue ou esp. x 5000 fr. B. 2 mois
fr. B. 2 mois 99 $^{\prime \bullet}/_{2\bullet}$ 100 fr. B. 3 mois
fr. B. 3 mois 334   100 r. vue ou esp.
$x, = 1500,15$

CALCULS DE LA BELGIQUE

Problèmes

Quel est le prix en francs de la Belgique, à vue ou en espèces, à la date du 1er octobre, des deux changes ci-dessous :

1° 17548 florins, Hollande, 15 décembre, à 208,90 francs B., vue, escompte 3 0/0 ;

2° 11000 reichsmarks, Allemagne, 20 novembre, à 123,35 francs B., vue, escompte 4 0/0 ?

Solution du 1er problème

CALCUL DE L'ESCOMPTE A RETRANCHER

Du 1er octobre au 15 décembre, il y a 2 1/2 mois de plus à courir que le terme de la cote, qui est à vue. Or, 1 mois d'intérêt à 3 0/0 = 3/12 ou 1/4 0/0, et 2 mois = 2/4 ou 1/2 0/0 ; 1/2 mois équivaut à 1/4 $\times$ 1/2 = 1/8 ; 1/2 ou 4/8 + 1/8 = 5/8 0/0.

Si de 100 on retranche 5/8, le reste sera 99 3/8.

Conjointe

fr. B. vue ou esp. x 17548 fl. 2 ½ mois
fl. 2 ½ mois 100   99 $^{3}/_{8}$ fl. vue
fl. vue 100   208,90 fr. B. vue ou esp.
$x = 36428,65$

Solution du 2e problème

CALCUL DE L'ESCOMPTE A RETRANCHER

Du 1er octobre au 20 novembre, il y a 1 2/3 mois de plus à courir que le terme de la cote, qui est à vue. Or, 1 mois à 4 0/0 = 4/12 ou 1/3 0/0 et 2/3 de mois = 1/3 $\times$ 2/3 ou 2/9 ; 1/3 ou 3/9 + 2/9 = 5/9 0/0.

Si de 100 on retranche 5/9, le reste sera 99 4/9.

4

Conjointe

fr. B. vue ou esp. x 11000 rm. 1 2/3 mois
rm. 1 2/3 mois 100   99 4/9 rm. vue
rm. vue 100   123,35 fr..B. vue ou esp.
$$x = 13493,10$$

CALCULS DE LA SUISSE

Problèmes

Quel est le prix en francs de Suisse, à vue ou en espèces, à la date du 1er octobre, des deux changes ci-dessous :

1° 40000 francs, Paris, 31 octobre, à 100 1/4 fr. S., 2 mois, intérêt 3 0/0 ;

2° 1383.10 livres st. Londres, 31 décembre, à 25,20 fr. S., 2 mois, escompte 2 0/0.

Solution du 1er problème

CALCUL DE L'INTÉRÊT A AJOUTER

Du 1er octobre à la fin du même mois, il y a 1 mois, c'est-à-dire 1 mois de moins à courir que le terme de la cote, qui est de 2 mois. Or, 1 mois d'intérêt à 3 0/0 = 3/12 ou 1/4 0/0.

Si de 100 on retranche 1/4, le reste sera 99 3/4.

Conjointe

fr. S. vue ou esp. x 40000 fr. 1 mois
fr. 1 mois 99 3/4   100 fr. 2 mois
fr. 2 mois 100   100 1/4 fr. S. vue ou esp.
$$x = 40200,50$$

Solution du 2e problème

CALCUL DE L'ESCOMPTE A RETRANCHER

Du 1er octobre au 31 décembre, il y a 3 mois, c'est-à-dire 1 mois de plus à courir que le terme de la cote, qui est de 2 mois. Or, 1 mois d'intérêt à 2 0/0 = 2/12 ou 1/6 0/0.

Si de 100 on retranche 1/6, il restera 99 5/6.

Conjointe

fr. S. vue ou esp. x 1383.10 1. st. 3 mois
1. st. 3 mois 100   99 ⁵/₆ 1. st. 2 mois
1. st. 2 mois 1   25,20 fr. S. vue ou esp.
$x = 34806,10$

CALCULS D'ITALIE

Problèmes

Quel est le prix en lire, à vue ou en espèces, à la date du 1ᵉʳ octobre, des deux changes ci-dessous :

1° 500 francs, Paris, 15 janvier, à 106,75 lire, 3 mois, escompte, 3 0/0 ;

2° 50 livres st., Londres, 15 novembre, à 27,05 lire, 3 mois, intérêt 2 0/0 ?

Solution du 1ᵉʳ problème

CALCUL DE L'ESCOMPTE A RETRANCHER

Du 1ᵉʳ octobre au 15 janvier, il y a 3 1/2 mois, c'est-à-dire 1/2 mois de plus à courir que le terme de la cote, qui est de 3 mois. Or 1 mois à 3 0/0 = 3/12 ou 1/4 0/0, et 1/2 mois = 1/4 × 1/2 = 1/8 0/0.

Si de 100 on retranche 1/8, le reste sera 99 7/8.

Conjointe

lire vue ou esp. x 500 fr. 3 ½ mois
fr. 3 1/2 mois 100   99 7/8 fr. 3 m.
fr. 3 mois 100   106,75 lire vue ou esp.
$x = 533,10$

Solution du 2ᵐᵉ problème

CALCUL DE L'INTÉRÊT A AJOUTER

Du 1ᵉʳ octobre au 15 novembre il y a 1 1/2 mois, c'est-à-dire 1 1/2 mois de moins à courir que le terme de la cote, qui est de 3 mois. Or, 1 mois à 2 0/0 = 2/12 ou 1/6 0/0, et 1/2 mois =

1/6 × 1/2 = 1/12 0/0. Additionnant 2/12 + 1/12, on trouve 3/12 ou 1/4 0/0.

Si de 100 on retranche 1/4, le reste sera 99 3/4.

Conjointe

lire vue ou esp. x	50 l. st. 1 ½ mois
l. st. 1 ½ mois 99 ¾	100 l. st. 3 mois
l. st. 3 mois 1	27,05 lire vue ou esp.

$$x = 1355,90$$

MOYENS PRATIQUES

DE CALCULER LES CHANGES AVEC ESCOMPTE OU INTÉRÊT SANS EMPLOYER LES CONJOINTES

Les conjointes ont été surtout inventées pour fournir aux cambistes et aux arbitragistes des formules qui les guident dans leurs opérations et dans leurs calculs ; mais ils font bien de ne plus s'en servir lorsqu'ils ont appris à s'en passer.

Tous les problèmes de change soit sans escompte ni intérêt, soit avec escompte ou intérêt peuvent être résolus sans le secours des conjointes.

Le moyen que nous recommandons est très simple : il consiste à ajouter au montant des effets sur l'étranger les intérêts courus d'après le terme de la cote ou à en retrancher les intérêts à courir, puis, après cette addition ou cette soustraction, à multiplier ou à diviser le total ou le reste par le cours.

On multiplie le total ou le reste par le cours, lorsque la place qui fait l'opération donne ou reçoit le variable ; on divise au contraire le total ou le reste par le cours, lorsque la place qui opère donne ou reçoit l'invariable.

Ce procédé est le seul qu'on doive employer lorsqu'il s'agit de faire figurer une opération dans des écritures de commerce, soit au journal, soit à un livre auxiliaire.

Pour obtenir un résultat exact, il faut observer la [règle que nous avons déjà posée et que nous allons rappeler ici.

Lorsqu'il s'agira d'un escompte à retrancher, il suffira de calculer l'intérêt à courir et de le soustraire du montant de l'effet, afin d'avoir la valeur affective de cet effet dans sa monnaie ; lorsqu'il s'agira d'un intérêt à ajouter, il faudra le prendre en dedans, c'est-à-dire calculer l'intérêt couru de l'effet, plus l'intérêt de cet intérêt pour les joindre au montant de l'effet, afin de rétablir sa valeur réelle devenue valeur effective dans sa monnaie.

Nos principes étant établis derechef, nous allons nous servir de la méthode indiquée pour vérifier les 16 problèmes du chapitre précédent.

CALCULS DE PARIS

1er *Problème*

Quelle est la valeur effective en francs·de : 5419,80 piastres, sur Madrid, à 1 1/2 mois,
Au cours, à 3 mois, de 497 fr., intérêt 4 0/0 ?

CALCUL DE L'INTÉRÊT A AJOUTER

1 ½	mois à	4 %	sur	5419,80	=....	27,09
1 ½	id.	id.	sur	27,09	=....	»,14
			Ensemble	....		27,23

Opération

5419,80 piastres
   27,23 intérêt de 1 ½ mois à 4 °/₀
—————
5443,03 × 4,97 = ... 27071,75

2me *Problème*

Quelle est la valeur effective en francs de : 1245.9.8 livres st., sur Londres, à 2 mois,
Au cours, à vue, de 25,215 fr., escompte 2 0/0 ?

CALCUL DE L'ESCOMPTE A RETRANCHER

2 mois à 2 0/0 sur 1245.9.8. = 4.3.»

Opération

1245.9.8 livres sterling
   4.3.» escompte de 2 mois à 2 °/₀
—————
1241.6.8 × 25,215 = 31300,20

4.

CALCULS DE LONDRES

1ᵉʳ *Problème*

Quelle est la valeur effective en livres sterling de : 12000 fr., sur Paris, à 1 mois,

Au cours, à vue, de 25,225 fr., escompte 3 0/0 ?

CALCUL DE L'ESCOMPTE A RETRANCHER

1 mois à 3 0/0 sur 12000 = 30.

Opération

```
12000, »' francs
   30, »  escompte de 1 mois à 3 0/0
11970, »  reste.
```

$$\text{Or } \frac{11970}{25,225} = 474.10.7$$

2ᵉ *Problème*

Quelle est la valeur effective en livres sterling de : 2500 fl., sur Amsterdam, à 1 mois,

Au cours, à 3 mois, de 12.3 1/2 fl., intérêt 3 0/0 ?

CALCUL DE L'INTÉRÊT A AJOUTER

```
2 mois à 3 %  sur 2500  =   12,50
2  id.     id. sur 12,50 =   »,06
           Ensemble............   12,56
```

Opération

```
2500, »  florins
  12,56 intérêt de 2 mois à 3 0/0
2512,56 ensemble
```

$$\text{Or } \frac{2512,56}{12,175} = 206.7.5$$

CALCULS DE LA HOLLANDE

1ᵉʳ *Problème*

Quelle est la valeur effective en florins de : 2389 milreis, sur le Portugal, à 2 mois,

Au cours, à 3 mois, de 259 fl., intérêt 6 0/0 ?

Calcul de l'Intérêt a ajouter

1 mois à 6 % sur 2389 = 11,94
1 id.   id. sur 11,94 = 0,06
Ensemble .... 12, »

Opération

2389, » milreis
  12, » intérêt de 1 mois à 6 %
—————
2401, » × 2,59 = 6218,60

2ᵐᵉ Problème

Quelle est la valeur effective en florins de : 1348.13, livres sterling, sur Londres, à 3 mois,
Au cours, à 2 mois, de 12,03 fl., escompte 2 0/0 ?

Calcul de l'Escompte a retrancher

1 mois à 2 0/0 sur 1348.13 = 2.5

Opération

1348.13. • livres sterling
  2. 5. » escompte de 1 mois à 2 %
—————
1346. 8. » × 12,03 = 16197,20

CALCULS DE L'ALLEMAGNE

1ᵉʳ Problème

Quelle est la valeur effective en reichsmarks de : 2642,80 florins, sur Vienne, à 1 1/2 mois,
Au cours, à 2 mois, de 164,10 rm., intérêt 5 0/0 ?

Calcul de l'Intérêt a ajouter

½ mois à 5 % sur 2642,80 = 5,50
½ id.   id. sur 5,50 = »,01
Ensemble............. . 5,51

Opération

2642,80 florins
  5,51 intérêt de ½ mois à 5 °/₀
―――――――――――
2648,31 × 1,641 = 4345,90

2ᵐᵉ *Problème*

Quelle est la valeur effective en reichsmarks de : 8800, »
roubles, sur Pétersbourg, à 1 1/2 mois,
Au cours, à 3 semaines, de 265,90 rm., escompte 6 0/0 ?

CALCUL DE L'ESCOMPTE A RETRANCHER

3/4 mois à 6 0/0 sur 8800 = 33.

Opération

8800, » roubles
  33, • escompte de 3/4 mois à 6 0/0
―――――――――――
8767, » × 2,659 = 23311,45

CALCULS DE VIENNE

1ᵉʳ *Problème*

Quelle est la valeur effective en florins de : 9955,60 reichsmarks,
sur l'Allemagne, à 4 mois,
Au cours, à 3 mois, de 59,60 fl., escompte 4 0/0 ?

CALCUL DE L'ESCOMPTE A RETRANCHER

1 mois à 4 0/0 sur 9955,60 = 33,20.

Opération

9955,60 reichsmarks
  33,20 escompte de 1 mois à 4 0/0
―――――――――――
9922,40 × 0,596 = 5913,75

2ᵉ *Problème*

Quelle est la valeur effective en florins de : 10000, » lire, sur
l'Italie, à 1 1/2 mois,
Au cours, à 3 mois, de 45,20 fl., intérêt 5 0/0 ?

Calcul de l'Intérêt a ajouter

```
1 ½ mois, à 5 %  sur 10000 =   62,50
  ½ id.     id.  sur 62,50 =    ,,40
                  Ensemble............  62,90
```

Opération

```
10000, » lire
   62,90 intérêt de 1 ½ mois à 5 %
─────────
10062,90 × 0,452 = 4548,45
```

CALCULS DE ST-PÉTERSBOURG

1er Problème

Quelle est la valeur effective en roubles de : 542.14.4 livres st.,
sur Londres, à 4 mois,

Au cours, à 3 mois, de 31 19/32 deniers st., escompte 2 0/0 ?

Calcul de l'Escompte a retrancher

1 mois à 2 0/0 sur 542.14.4 = 18 shillings.

Opération

```
       542.14.4  livres sterling.
         ,.18.D  escompte de 1 mois à 2 %
Reste  541.16.4  ou 130036 deniers sterling.
```

$$\text{D'où} \quad \frac{130036 \times 32}{31\ 19/32} = \frac{4161152}{1011} = 4115{,}85$$

2me Problème

Quelle est la valeur effective en roubles de ' 5000 francs,
sur la Belgique, à 2 mois,

Au cours, à 3 mois, de 334 fr., intérêt 2 1/2 0/0 ? .

Calcul de l'Intérêt a ajouter

```
1 mois à 2 ½ %  sur 5000 =   10,42
1 id.     id.   sur 10,42 =   ,,02
                Ensemble .............  10,4.
```

Opération

```
5000, »   francs de Belgique
  10.44   intérêt de 1 mois à 2 ½ %
5010,44   ensemble
```

$$\text{Or } \frac{5010,44}{334} = 1500,15$$

CALCULS DE LA BELGIQUE

1er *Problème*

Quelle est la valeur effective en francs de Belgique de : 17548 florins, sur la Hollande, au 15 décembre,

Au cours, à vue, de 208,90 fr. B., escompte 3 0/0 ?

CALCUL DE L'ESCOMPTE A RETRANCHER

2 1/2 mois à 3 0/0 sur 17548 = 109,67

Opération

```
17548, »   florins des Pays-Bas
  109,67   escompte de 2 1/2 mois à 3 %
17438,33 × 2,089 = 36428,65
```

2me *Problème*

Quelle est la valeur effective en francs de Belgique de : 11000, » reichmarks, sur l'Allemagne, à 1 2/3 mois,

Au cours, à vue, de 123,35 fr. B., escompte 4 0/0 ?

CALCUL DE L'ESCOMPTE A RETRANCHER

1 2/3 mois, à 4 0/0, sur 11000 = 61,11

Opération

```
11000, »   reichsmarks
  61,11   escompte de 1 ⅔ mois à 4 %
10938,89 × 1,2335 = 13493,10
```

CALCULS DE LA SUISSE

1ᵉʳ. *Problème*

Quelle est la valeur effective en francs de Suisse de : 40000 francs, sur Paris, à 1 mois,
Au cours, à 2 mois, de 100 1/4 fr. S., intérêt 3 0/0 ?

CALCUL DE L'INTÉRÊT A AJOUTER

```
1 mois, à 3 % sur 40000  =   100, »
1 id.      id. sur  100  =     »,25
             Ensemble............... 100,25
```

Opération

```
40000,»   francs
  100,25  intérêt de 1 mois à 3 %
40100,25 × 100 ¼ = 40200,50
    100
```

2ᵉ *Problème*

Quelle est la valeur effective en francs de Suisse de 1383.10. » livres sterling, sur Londres, à 3 mois,
Au cours, à 2 mois, de 25,20 fr. S., escompte 2 0/0 ?

CALCUL DE L'ESCOMPTE A RETRANCHER

1 mois à 2 0/0 = 2.6.1

Opération

```
1383.10.»  livres sterling
   2. 6. 1  intérêt de 1 mois à 2 %
1381. 3.11 × 25,20 = 34806,10
```

CALCULS DE L'ITALIE

1ᵉʳ *Problème*

Quelle est la valeur effective en lire de : 500 francs, sur Paris, à 3 1/2 mois,
Au cours, à 3 mois de 106, 75 lire, escompte 3 0/0 ?

CALCUL DE L'ESCOMPTE A RETRANCHER

1/2 mois, à 3 0/0, sur 500 fr. = 0,625

Opération

```
500,»      francs
 »,625    escompte de ½ mois   3 %
─────────
499,375 ╳ 1,0675 = 533,10
```

2ᵐᵉ *Problème*

Quelle est la valeur effective en lire de : 50 livres sterling, sur Londres, à 1 1/2 mois,
Au cours, à 3 mois, de 27,05 lire, intérêt 2 0/0 ?

CALCUL DE L'INTÉRÊT A AJOUTER

```
1 ½ mois,  à 3 %  sur   50  =  0.2.6
1 ¼  id. ,    id.   sur 0.2.6 =  ».».»
                   Ensemble................. 0.2.6
```

Opération

```
50.».»   livres sterling
 0.2.6   intérêt de 1 ½ mois à 2 %
─────────
50.2.6 ╳ 27,05 = 1355,90
```

CALCUL DES MATIÈRES D'OR ET D'ARGENT

Les matières d'or et d'argent s'entendent des barres ou lingots de ces deux métaux précieux, et des pièces de monnaie qui en sont composées, telles que pièces de 20 francs, souverains anglais, impériales de Russie, aigles d'Amérique, quadruples espagnols, colombiens et mexicains, ducats de Hollande et d'Autriche, Guillaumes, piastres à colonnes, piastres mexicaines, pièces de 5 francs, etc.

Nous nous proposons d'initier ceux qui étudieront ce manuel aux calculs des matières métalliques tels qu'ils doivent être compris à Paris, à Londres, en Hollande, en Allemagne et à Vienne. Les calculs des autres places cambistes ne présentant aucune difficulté, se feront par analogie.

Au surplus les renseignements donnés dans le chapitre des MONNAIES DE COMPTE sont suffisants pour tous les calculs de changes et d'arbitrages relatifs aux matières d'or et d'argent, que nous n'aurons pas traités spécialement dans cet ouvrage.

Les problèmes que nous allons présenter seront résolus d'abord *théoriquement* au moyen des conjointes, afin de bien établir nos principes, et ensuite *pratiquement* au moyen des formules ou du simple raisonnement.

CALCULS DE PARIS

Problèmes

1° 4,525 k^{os} or — 1000/1000 — à 3434,44 — pair
2° 5,544 » id. — 972/1000 — » 3434,44 — pair
3° 7,815 » id. — 968/1000 — » 3434,44 — prime 2 ¼ °/$_{00}$
4° 24,542 » argent — 1000/1000 — » 218,89 — perte 140 °/$_{00}$
5° 43,508 » id. — 984/1000 — » 218,89 — perte 35 °/$_{00}$

6° Un lingot de 33 livres troy, 7 onces, 17 pennyweights d'or au titre de 21.2.2, c'est-à-dire 21 + 2 grains + 2 quarts ou $\frac{21.2/4\ 2/4}{24}$ venant de Londres, et vendu à Paris au cours, à 1000/1000, de 3437 francs le kilogramme, sans prime ni perte.

MOYENS THÉORIQUES

Solutions

Solution du 1er problème

fr. *x*   4,525 k^{os} 1000/1000
k° 1000/1000 1   3434,44 fr.

$$x = 15540,85 \text{ fr.}$$

Solution du 2me problème

fr. *x*   5,544 k^{os} 972/1000
k^{os} 972/1000 1000   972 k^{os} 1000/1000
k° 1000/1000 1   3434,44 fr.

$$x = 18507,40 \text{ fr.}$$

Solution du 3me problème

fr. x 7,815 k^{os} 968/1000
k^{os} 968/1000 1000   968 k^{os} 1000/1000 ·
k^o 1000/1000 1   3434,44 fr. éval.
fr. éval. 1000   1002 ½ fr.

$$x = 26046,20 \text{ fr.}$$

Solution du 4me problème

fr. x 24,542 k^{os} 1000/1000
k^o 1000/1000 1   218,89 fr. éval.
fr. éval. 1000   860 fr.

$$x = 4619,90 \text{ fr.}$$

Solution du 5me problème

fr. x 43,508 k^{os} 984/1000
k^{os} 984/1000 1000   984 k^{os} 1000/1000
k^o 1000/1000 1   218,89 fr. éval.
fr. éval. 1000   965 fr.

$$x = 9043,10 \text{ fr.}$$

Solution du 6me problème

Pour se mettre à même de comprendre la solution du 6me problème, il faut se reporter aux renseignements sur les poids et les titres étrangers, en ce qui regarde l'Angleterre, pages 2 et 3.

Conversion des livres en onces

$$(33 \times 12) + 7 = 403$$

Conversion des pennyweigts en décimales

$$\frac{17}{20} = 0,85$$

Conversion des 403,85 onces en kilogrammes

$$\frac{403,85 \times 31,1}{1000} = 12,5597 \text{ ou } 12,560$$

Conversion du titre anglais en titre français

$$\frac{21 + \sqrt[3]{4} + \sqrt[3]{4}}{24} = \frac{346}{384} = 0,901$$

D'où le problème se réduit à trouver le prix de 12,560 kᵒˢ d'or à 901/1000, au cours de 3437 francs le kilogramme d'or fin.

Conjointe

$$
\begin{array}{llll}
 & \text{fr. } x & 12,56 \text{ k}^{os} & 901/1000 \\
\text{k}^{os}\ 901/1000 & 1000 & 901 \text{ k}^{os} & 1000/1000 \\
\text{k}^{o}\ 1000/1000 & 1 & 3437 \text{ fr.} &
\end{array}
$$

$$x = 38595 \text{ fr.}$$

MOYENS PRATIQUES

Mathématiquement on devrait, pour calculer l'or et l'argent en barres, commencer par faire l'affinage indiqué dans les conjointes, autrement dit par faire le poids en kilogrammes proportionnellement au titre et multiplier ensuite le cours par le poids réduit ; mais, comme dans ces calculs, on a l'habitude de ne garder que trois chiffres décimaux, il arriverait que l'erreur provenant des décimales supprimées dans le poids se répèterait 3434,44 fois pour l'or et 218,89 fois pour l'argent.

Les pesées n'étant jamais considérables, on s'est fait une règle, en France, de calculer d'abord le prix proportionnel au titre et de multiplier ensuite le cours réduit par le poids tel quel, ainsi du reste que nous allons présenter les opérations.

En Angleterre, comme les matières précieuses sont évaluées à l'once, c'est l'inverse qui se produit et c'est dans l'ordre inverse que se font les calculs.

Dans nos solutions pratiques nous ne ferons pas usage des conjointes.

Solutions

Solution du 1ᵉʳ problème

$$3434,44 \times 4,525 = 15540,85$$

Solution du 2ᵐᵉ problème

1°
$$\frac{3434,44 \times 972}{1000} = 3338,27 \;½$$

2°
$$3338,275 \times 5,544 = 18507,40$$

Solution du 3ᵐᵉ problème

1° $$\frac{3434,44 \times 968}{1000} = 3324,538$$

2° $$3324,538 \times 7,815 = 25981,25$$

3° $$25981,25 + 64,95 \ (2 \ ½ \ °/_{oo}) = 26046,20$$

Solution du 4ᵐᵉ problème

1° $$218,89 \times 24,542 = 5372,»$$

2° $$5372 - 752,10 \ (140 \ °/_{oo}) = 4619,90$$

Solution du 5ᵐᵉ problème

1° $$\frac{218,89 \times 984}{1000} = 215,388$$

2° $$215,388 \times 43,508 = 9371,\!10$$

3° $$9371,10 - 328 \ (35 \ °/_{oo} = 9043,10$$

Solution du 6ᵐᵉ problème

1° Conversion du poids et du titre anglais en poids et titre français, comme dans le moyen théorique.

2° $$\frac{3437 \times 961}{1000} = 3096,737$$

3° $$3096,737 \times 12,56 = 38595,»$$

CALCULS DE LONDRES

A Londres, toutes les matières d'or et d'argent sont traitées à l'once : les barres ou lingots d'après les deux titres standard et les monnaies étrangères d'après leur poids brut, sauf toutefois les pièces de 5 francs, qui sont généralement évaluées à la pièce.

En conséquence, avant d'entreprendre la solution des problèmes que nous allons proposer, nous transformerons toujours les livres en onces.

Et, pour faciliter encore les calculs, nous convertirons les pennyweights ou deniers poids en décimales.

Ainsi, au lieu de calculer sur 36 livres troy, 3 onces et 13 pennyweights, nous calculerons sur 435 onces, 65 centièmes d'once, parce que $(36 \times 12) + 3 = 435$ et que $13/20 = 0,65$.

Cette règle sera observée aussi bien pour les moyens théoriques que pour les moyens pratiques, et contribuera à rendre les opérations faciles à comprendre.

Nous renvoyons aux renseignements de la page 2 et de la page 3 sur la monnaie, les poids et les titres de l'Angleterre et la comparaison des poids anglais et français.

Problèmes

1er *Problème*

17 l. tr. 5 on. 17 dw^{ts}, or, 22/24,
à 3 l. st. 17 sh. 9 d. st.

2me *Problème*

19 l. tr. 2 on. 13 dw^{ts}, or, 23.1.1,
à 3 l. st. 17 sh. 9 d. st.

3me *Problème*

22 l. tr. 4 on. 7 dw^{ts}, or, 21.2.2,
à 3 l. st. 17 sh. 9 d. st.

4me *Problème*

83 l. tr. 4 on. 0 dw^{t}, argent, 11.2,
à 52 9/16 d. st.

5me *Problème*

96 l. tr. 7 on. 11 dw^{ts}, argent, 11.5,
à 52 9/16 d. st.

6me *Problème*

107 l. tr. 10 on. 15 dw^{ts}, argent, 10.19,
à 52 9/16 d. st.

7me *Problème*

1000 pièces de 20 francs, poids moyen 6,4385 gr.,
à 76 sh. 2 1/2 d. st. l'once brute

8me *Problème*

500 demi-aigles d'Amérique, poids moyen 8,351 gr.,
à 76 sh. 4 1/2 d. st. l'once brute

9me *Problème*

1500 demi-impériales russes, poids moyen 6,531 gr.,
à 77 sh. 7 3/4 d. st. l'once brute

10me *Problème*

1000 piastres mexicaines, poids moyen 27,7 gr.,
à 52 d. st. l'once brute

11me *Problème*

1200 pièces de 5 francs,
à 47 1/4 d. st. la pièce.

12me *Problème*

593,500 kos argent fin vendus à Londres,
à 53 1/2 d. st. l'once à 11.2

MOYENS THÉORIQUES

Solutions

Solution du 1er problème

Conversion des livres troy en onces

$$(17 \times 12) + 5 = 209 \text{ onces}$$

Conversion des deniers poids en centièmes d'once

$$17/20 = 0,85$$

Conjointe

l. st. x 209,85 on. 22/24
on. 22/24 1   3.17.9 l.st.

$$x = 815.15.10 \text{ livres st.}$$

Opération

209,85 $\times$ 3 = ... 629,55

Pour	10	sh.,	1/2 de	209,85...........	104,925
—	5	id.	1/2 de	104,925..........	52,4625
—	2	id.	1/10 de	209,85............	20,985
—	6	d.st.	1/4 de	20,985..........	5,2462
—	3	id.	1/2 de	5,2462........	2,6231	186,2418

Ensemble............................ 815,7918

Conversion des décimales de livres en shillings

$$\frac{7918 \times 20}{10000} = 15.8360$$

Conversion des décimales de schilling en deniers sterling

$$\frac{836 \times 12}{1000} = 10.032$$

D'où $x = 815.15.10$ livres st.

Solution du 2me problème

Conversion des livres en onces et des pennyweights en centièmes

$$(19 \times 12) + 2 = 230; \; 13/20 = 0,65$$

Conversion des 17 sh. 9 d. st. de 3.17.9 en décimales

$$\frac{(17 \times 12) + 9}{20 \times 12} = \frac{213}{240} = 0,8875$$

D'où 3.17.9 = 3,8875

Conjointe

l. st. x 230,65 on. 23.1.1
on. 23.1.1 24   23.1.1 on. 24/24
on. 24/24 22   24 on. 22/24
ou. 22/24 1   3,8875 l. st.

Formule

$$\frac{230,65 \times 23.1.1 \times 3,8875}{22}$$

Opération

Multiplication de 230,65 par 23.1.1

230,65 × 23 = ...		5304,95
Pour 1 grain, ¼ de 230,65................................	57,6625	
— 1 quart, ¼ de 57,6625......................	14,4156	72,078
Ensemble........		5377,028

D'où cette nouvelle formule :

$$\frac{5377,028 \times 3,8875}{22} = \frac{20903,19635}{22}$$

Et divisant les deux derniers termes par 2, on a :

$$\frac{10451,598}{11} = 950,145$$

D'où $x = 950.2.11$ livres st.

Solution du 3me problème

Conversion des livres en onces et des pennyweigths en centièmes

$$(22 \times 12) + 4 = 268; \ 7/20 = 0,35$$

Conjointe

l. st. x	268,35 on. 21.2.2
on. 21.2.2 24	21.2.2 on. 24,24
on. 24 24 22	24 on. 22 24
on. 22/24 1	3,8875 l. st.

Formule

$$\frac{268,35 \times 21.2\ 2 \times 3,8875}{22}$$

Opération

268,35 × 21 = ...		5635,35
Pour 2 grains 1/2 de 268,35................	134,175	
— 2 quarts 1/4 de 134,175......................	33,544	167,719
Ensemble..		5803,069

D'où cette nouvelle formule :

$$\frac{5803,069 \times 3,8875}{22} = \frac{22559,43074}{22}$$

Et, divisant les deux derniers termes par 2, on a :

$$\frac{11279,71537}{11} = 1025,4286$$

D'où $x = 1025.8.7$ livres st.

Solution du 4ᵐᵉ problème

Conversion des livres en onces

$$(83 \times 12) + 4 = 1000$$

Conjointe

l. st. x 100⁰ on. 11.2
on 11.2 1   52 9/16 d. st.
d. st. 240   1 l. st.

Opération

$$\frac{1000 \times 52\ 9/16}{240} = \frac{52562,5}{240} = 219,0104$$

D'où $x = 219.0.2$ livres st.

Solution du 5ᵐᵉ problème

Conversion des livres en onces et des pennyweigts en centièmes

$$(96 \times 12) + 7 = 1159 ; 11/20 = 0,55$$

Conjointe

l. st. x 1159,55 on. 11.5
on. 11.5 12   11.5 on. 12/12
on. 12/12 11.2   12 on. 11. 3
on. 11. 2 1   52 9/16 d. st.
d. st. 240   1 l. st.

5.

Formule

Avant d'indiquer les calculs, on fera bien de convertir en centièmes d'once les 5/20 d'once du numérateur et les 2/20 d'once du dénominateur et l'on aura alors la formule ci-dessous :

$$\frac{1159,55 \times 11,25 \times 52\ 9/16}{11,1 \times 240} = \frac{685674,527}{2664}$$

D'où x = 257,385 ou 257.7.8 livres st.

Solution du 6me problème

Conversion des livres en onces et des pennyweights en centièmes

$$(107 \times 12) + 10 = 1294 \ ; \ 15/20 = 0,75$$

Conjointe

l. st. x	1294,75 on. 10.19 ou 10,95
on. 10,95 12	10,95 on. 12/12
on. 12/12 11,1	12 on. 11,1
on. 11,1 1	52 9/16 d. st.
d. st. 240	1 l. st.

Formule

$$\frac{1294,75 \times 10,95 \times 52\ 9/16}{11,1 \times 240} = \frac{745205,5}{2664}$$

D'où x = 279,73 ou 279.14.7 livres st.

Solution du 7me problème

Voyez à la page 3 la comparaison des poids français et anglais.

Conversion des grammes en onces

$$\frac{6,4385 \times 1000}{31,1} = 207 \text{ onces}$$

Conjointe

l. st. x	207 on.
on. 1	76 sh. 2 1/2 d. st.
sh. 20	1 l. st.

Opération

207 × 76 =.. 15732.»
Pour 2 deniers, 1/6 de 207.................................... 34,5
— 1/2   id.,   1/4 de 34,5 8,625
                    Ensemble................ 15775,125

$$\frac{15775,125}{20} = 788,756$$

D'où $x = 788.15.1$ livres st.

Solution du 8me problème

Conversion des grammes en onces et centièmes d'once

$$\frac{8,351 \times 500}{31,1} \doteq \frac{4175,5}{31,1} = 134,26 \text{ onces}$$

Conjointe

l. st. x 134,26 on.
  on. 1   76 sh. 4 ½ d. st.
  sh. 20   1 l. st.

Opération

134,26 × 76 =... 10203,76
Pour 4 deniers st. ⅓ de 134,26............. 44,753
— ½   id.   ¼ de 44,753............. 5,594   50,347
                  Ensemble........................ 10254,107

$$\frac{10254,107}{20} = 512,7053$$

D'où $x = 512.14.1$ livres st.

Solution du 9me problème

Conversion des grammes en onces

$$\frac{6,531 \times 1500}{31,1} = 315$$

Conjointe

l. st. x 315 on.
  on. 1   77 sh. 7 ¾ d. st.
  sh. 20   1 l. st.

Opération

$315 \times 77 =$ .... 24255,»

Pour 6 d. st.,	½ de 315............	157,50	
— 1	id. ⅙ de 15.75.........	26,25	
— ³/₄	id. ½ de 26,25.........	13,125	
— ¼	id. ½ de 13,125.......	6,5625	203,4375

Ensemble.................... 24458,4375

$$\frac{24458,4375}{20} = 1222,9218$$

D'où $x = 1222.18.5$ livres st.

Solution du 10ᵐᵉ problème

Conversion des grammes en onces et millièmes d'once

$$\frac{27,7 \times 1000}{31,1} = 890,675$$

Conjointe

l. st.	x	890,675 on.
on.	1	52 d. st.
d. st.	240	1 l. st.

$$x = \frac{46315,1}{240} = 192,979$$

D'où $x = 192.19.7$ livres st.

Solution du 11ᵐᵉ problème

Conjointe

l. st.	x	1200 pièces
pièce	1	47 ¼ den. st.
den. st.	240	1 l. st.

$$x = \frac{1200 \times 47 \frac{1}{4}}{240} = 236,25$$

D'où $x = 236.5$ livres st.

Solution du 12ᵐᵉ problème

Conversion des 593500 grammes à 1000/1000 en onces à 12/12

$$\frac{593500}{31,1} = 19083$$

Conversion des onces à 12/12 en onces à 11 $\frac{2}{20}$ ou $\frac{11,1}{12}$ $\frac{}{12}$

$$\frac{19083 \times 12}{11,1} = 20630$$

Conjointe

1. st. x 20630 on 11,1
on. 11.1 1   53 ½ d. st.
d. st. 240   1 l. st.

$$x = \frac{20630 \times 53 \frac{1}{2}}{240} = 4598,7708$$

D'où $x = 4598.15.5$ livres st.

MOYENS PRATIQUES

En traitant la question des moyens pratiques employés en France pour calculer l'or et l'argent nous avons dit que, en Angleterre, au lieu de commencer par modifier le prix proportionnellement au titre, on commence par modifier le poids d'après le titre ; or ce titre est toujours le titre standard, lorsqu'il s'agit de métaux précieux en barres ou lingots, puisque ces métaux sont toujours évalués selon le titre de la monnaie.

La raison qui a décidé à modifier le poids préférablement au prix, c'est que les poids en onces forment rarement un nombre moindre de 3 ou 4 chiffres, au lieu que le prix de l'once n'atteint pas 4 livres sterling pour l'or ni 4 schillings pour l'argent.

D'où il résulte que l'erreur causée pour les chiffres négligés, en faisant le poids proportionnel au titre, n'est jamais répétée 4 fois, tandis qu'elle pourrait être répétée des milliers de fois, si l'on commençait par déterminer le prix proportionnel au titre.

C'est pourquoi, dans l'application des moyens pratiques au calcul des matières métalliques en Angleterre, nous débuterons toujours par la modification du poids en raison du titre.

De même que pour les calculs pratiques de Paris, nous n'emploierons pas les conjointes.

Solutions

Solution du 1er problème

Poids converti en onces et centièmes d'once

$$17.5.17 = 209,85 \text{ onces}$$

Opération

$$3,8875 \times 209,85 = 815.15.10$$

Solution du 2me problème

Poids converti en onces et centièmes d'onces à 23.1.1

$$19.2.13 = 230,65 \text{ onces à } 23.1.1$$

Poids modifié proportionnellement au titre standard

$$\frac{230,65 \times 23.1.1}{22} = 244,4103 \text{ onces à } 22/24$$

Opération

$230,65 \times 23 =$.. 5304,95
Pour 1 grain, ¼ de 230,65....................... 57,6625
  — 1 quart, ¼ de 57,6625.................... 14,4156   72,078
                          Ensemble.................... 5377,028

$$\frac{5377,028}{22} = \frac{2688,514}{11} = 244,4103$$

Prix multiplié par le poids standard

$$3.17.9 \times 244,4103 = 950.2.11$$

Solution du 3me problème

Poids converti en onces et centièmes d'once à 21.2.2

$$22.4.7 = 268,35 \text{ onces à } 21.2.2$$

Poids modifié proportionnellement au titre standard

$$\frac{268,35 \times 21.2.2}{22} = 263,7758 \text{ onces à } 22/24$$

Prix multiplié par le poids standard

$$3.17.9 \times 263,7758 = 1025.8.7$$

Solution du 4me problème

Poids converti en onces

$$(83 \times 12) + 4 = 1000 \text{ à } 11.2 \text{ ou } 11,1$$

Prix multiplié par le poids

$$\frac{52 \, {}^{9}/_{16} \times 1000}{240} = \frac{52652,50}{240} = 219.0.2.$$

Solution du 5mo problème

Poids converti en onces et centièmes d'once

$$96.7.11 = 1159,55 \text{ onces à } 11, 5 \text{ ou } 11,25$$

Poids modifié proportionnellement au titre standard

$$\frac{1159,55 \times 11,25}{11,1} = 1175,2196 \text{ on. à } 11,1$$

Prix multiplié par le poids

$$\frac{52 \, {}^{9}/_{16} \times 1175,2196}{240} = \frac{6177,248}{24} = 257.7.8$$

Solution du 6mo problème

Poids converti en onces et centièmes d'once

$$107.10.15 = 1294,75 \text{ onces à } 10,95$$

Poids modifié proportionnellement au titre standard

$$\frac{1294,75 \times 10,95}{11,1} = 1277,253 \text{ on. à } 11,1$$

Prix multiplié par le poids

$$\frac{52 \, {}^{9}/_{16} \times 1277,253}{240} = 279.14.7$$

Solution du 7me problème

Grammes convertis en onces

$$\frac{6,4385 \times 1000}{31,1} = 207$$

Prix multiplié par le poids

$$\frac{76 \quad 2\,{}^1/_2 \times 207}{20} \;=\; 788.15.1$$

Solution du 8mo problème

Grammes convertis en onces

$$\frac{8,351 \times 500}{31,1} = 134,26$$

Prix multiplié par le poids

$$\frac{76.4\,{}^1/_2 \times 134,26}{20} \;=\; 512.14.1$$

Solution du 9me problème

Grammes convertis en onces

$$\frac{6,531 \times 1500}{31,1} = 315 \;{}^\cdot$$

Prix multiplié par le poids

$$\frac{77.\,7\,{}^3/_4 \times 315}{20} \;=\; 1222.18.5$$

Solution du 10 problème

Grammes convertis en onces

$$\frac{27,7 \times 1000}{31,1} = 890,675$$

Prix multiplié par le poids

$$\frac{52 \times 890,675}{240} \;=\; 192.19.7$$

Solution du 11me problème

$$\frac{47\,{}^1/_4 \times 1200}{240} \;=\; 236.5$$

Solution du 12me problème

Grammes à 1000/1000 convertis en onces à 12/12

$$\frac{593500}{31,1} = 19083$$

Onces à 12/12 converties en onces à 11,1/12

$$\frac{19083 \times 12}{11,1} = 20630$$

Prix multiplié par le poids

$$\frac{53 \frac{1}{2} \times 20630}{240} = 4598.15.5.$$

CALCULS DE LA HOLLANDE

Les calculs de l'or et de l'argent étant, en Hollande, analogues à ceux de la France, ainsi qu'on l'a vu au chapitre des Monnaies de compte, nous n'aurons pas recours aux conjointes et nous nous bornerons à indiquer les moyens pratiques.

Problèmes

1° 6,616 K^{os}, or $\dfrac{948}{1000}$ à 1442,60, prime 14 %

2° 32,717 K^{os} argent $\dfrac{892}{1000}$ à 95

MOYENS PRATIQUES

Solutions

Solution du 1er problème

Prix proportionnel au titre

$$\frac{1442,60 \times 948}{1000} = 1367,58 \ 1/2$$

Prix multiplié par le poids

$$1367,58 \ \frac{1}{2} \times 6,616 = 9047,95$$

Prime à ajouter

$$\frac{9047,95 \times 14}{100} = 1266,70$$

Total.................... 10314,65

Solution du 2ᵐᵉ *problème*

Prix proportionnel au titre

$$\frac{95 \times 892}{1000} = 84,74$$

Prix multiplié par le poids

$$84,74 \times 32,717 = 2772,45$$

CALCULS DE L'ALLEMAGNE

Les documents du chapitre des Monnaies de compte nous ont appris que le poids adopté par l'Allemagne est la livre métrique de 500 grammes et nous ont fourni d'autres renseignements qu'il est utile de revoir.

Problèmes

1ᵉʳ *Problème*

13,375 livres, or, 920/1000, à 1392 reichsmarks

2ᵐᵉ *Problème*

9,125 livres, or, 956/1000, à 1392 reichsmarks

3ᵐᵉ *Problème*

42,050 livres, argent 881/1000, à 78 reichsmarks

4ᵐᵉ *Problème*

524 pièces de 20 fr., à 16,27 rm. la pièce

5ᵐᵉ *Problème*

1000 pièces de 20 fr., poids moyen, 6,440 grammes, à 1251,408 rm. la livre de 500 grammes

6ᵐᵉ *Problème*

315 demi-impériales russes, à 16,69 rm. la pièce

7ᵐᵉ *Problème*

500 demi-impériales russes, poids moyen 6,520 grammes,
à 1275,072 rm. la livre de 500 grammes

8ᵐᵉ *Problème*

146 souverains anglais, à 20,36 rm. la pièce

9ᵐᵉ *Problème*

212 ducats de Hollande, à 9,75 rm. la pièce

MOYENS PRATIQUES

Solutions

Solution du 1ᵉʳ problème

Prix proportionnel au titre

$$\frac{1392 \times 920}{1000} = 1280,64$$

Prix multiplié par le poids

$$1280,64 \times 13,375 = 17128,55$$

Solution du 2ᵐᵉ problème

Prix proportionnel au titre

$$\frac{1392 \times 956}{1000} = 1330,752$$

Prix multiplié par le poids

$$1330,752 \times 9,125 = 12143,10$$

Solution du 3ᵐᵉ problème

Prix proportionnel au titre

$$\frac{78 \times 881}{1000} = 68,718$$

Prix multiplié par le poids

$$68,718 \times 42,050 = 2889,60$$

Solution du 4me problème

$$16,27 \times 524 = 8525,50$$

Solution du 5me problème

On a pu voir à la page 5 l'origine de ce prix de 1251,408.

Transformation en livres des grammes multipliés par 1000

$$\frac{6,44 \times 1000}{500} = 6,44 \times 2 = 12,88$$

Prix multiplié par le poids

$$1251,408 \times 12,88 = 16118,15$$

Solution du 6me problème

$$315 \times 16,69 = 5257,35$$

Solution du 7me problème

$$\frac{6,52 \times 500 \times 1275,072}{500} = 9,52 \times 1275,072 = 8313,45$$

Solution du 8me problème

$$20,36 \times 146 = 2972,55$$

Solution du 9me problème

$$9,75 \times 212 = 2067$$

CALCULS DE VIENNE

Problèmes

Voyez les renseignements des pages 5 et 6

1er Problème

47 liv. de 500 gr. argent 1000/1000, à 102,40 fl. cour^{ts}.

2mo Problème

24,940 kilogr. argent 964/1000, à 102 fl. cour^{ts} la livre.

3ᵐᵉ Problème

750 pièces de 20 francs, à 9,78 la pièce.

4ᵐᵉ Problème

500 souverains anglais, à 12,15 la pièce.

Solutions

Pour plus de clarté nous donnerons les conjointes des deux premiers problèmes.

Solution du 1ᵉʳ problème

Conjointe

```
      fl. cᵗˢ x      47  liv. 1000/1000
 liv. 1000/1000 1     45  fl. 1000/1000
 fl. 1000/1000 100    102,40 fl. cᵗˢ
```
$$x = 2165,75$$

Solution du 2ᵐᵉ problème

```
        fl. cᵗˢ x       24,940 kᵒˢ 964/1000
 kᵒˢ 964/1000 1000      964 kᵒˢ 1000/1000
   kᵒ 1000/1000 1       2 liv. 1000/1000
 liv. 1000/1000 1       45 fl. 1000/1000
   . 1000/1000 100      102,40 fl. cᵗˢ
```
$$x = 2215,75$$

Solution du 3ᵐᵉ problème

$$9,78 \times 750 = 7335$$

Solution du 4ᵐᵉ problème

$$12,15 \times 500 = 6075$$

CALCULS DES FONDS PUBLICS

Avant d'entreprendre les changes des Fonds publics, il faut être initié aux usages adoptés par les places cambistes pour comprendre les intérêts courus dans les calculs.

Chaque pays ou, pour mieux dire, chaque place à ses habitudes qui sont sujettes à changer. Nous allons indiquer celles des places dont nous avons produit les cotes et, lorsqu'elles viendront à varier, les établissements financiers ne manqueront pas d'en être instruits par leurs correspondants.

Quant aux usages que nous aurons omis, il sera toujours facile de se les procurer.

Partout les fonds d'États sont donnés en tant pour cent du capital nominal ou, ce qui revient au même, selon le taux de la rente.

Intérêts courus des Fonds publics

Paris

Les intérêts courus sont compris dans les cours pour toutes les valeurs de bourse, fonds d'États, obligations et actions.

Londres

Les intérêts courus sont compris dans les cours, sauf pour les bons du trésor et les obligations indiennes auxquels il faut les ajouter.

Hollande

Les intérêts courus n'étant pas compris dans les cours des fonds hollandais et étrangers doivent être bonifiés par l'acheteur, sans égard pour les impôts auxquels ils peuvent être assujettis.

Par dérogation à cette règle générale, les intérêts courus sont compris dans les cours des valeurs qui suivent : lots autrichiens de 1839, 1854, 1858, 1860 et 1864 ; obligations des chemins autrichiens, méridionaux, Victor-Emmanuel et russes ; lots de la ville de Madrid ; lots et actions de chemins de fer russes ; lots de chemins de fer turcs et obligations turques de 1869 ; obligations hongroises de 1867.

Places de l'Allemagne

Berlin, Hambourg et Francfort-sur-le-Mein

Les intérêts courus n'étant pas compris dans les cours, sont bonifiés par l'acheteur, d'après le taux de la rente pour les fonds d'Etats, les actions garanties et les obligations, à l'exception des 5 % autrichiens argent ou papier, pour lesquels on a égard à l'impôt de 16 $^o/_o$, qui réduit l'intérêt à 4 $^1/_6$, parceque 100 — 16 = 84 et que $\frac{84 \times 5}{100} = 4,20$.

Le taux à ajouter pour les actions non garanties est de 4 $^o/_o$.

Toutefois les actions des compagnies d'assurances se traitent selon le cours, sans addition d'intérêts.

Vienne

Les intérêts courus n'étant pas compris dans les cours sont bonifiés par l'acheteur.

Il faut avoir égard à l'impôt de 16 $^o/_o$ sur les rentes 5 $^o/_o$ et à celui de 20 $^o/_o$ sur les coupons des lots de 1854 et 1860.

Saint-Pétersbourg

Les intérêts courus n'étant pas compris dans les cours, sont bonifiés par l'acheteur.

Les valeurs étrangères ne sont pas admises à la bourse de St-Pétersbourg.

Belgique

Les intérêts courus n'étant pas compris dans les cours, sont bonifiés par l'acheteur, sauf pour les valeurs françaises, italiennes, espagnoles et turques, ainsi que pour les obligations des villes et des chemins de fer étrangers, qui sont cotées intérêts compris.

Suisse

En Suisse, les intérêts courus sont compris dans les cours comme à Paris, à l'exception de Zurich et de Bâle qui cotent intérêts non compris les valeurs qui produisent une rente fixe.

Italie

En Italie les intérêts sont compris dans les cours, comme à Paris.

Avant de commencer les calculs des fonds publics, nous croyons devoir rappeler qu'il faudra recourir aux changes fixes pour les valeurs qui ne seront pas cotées dans la monnaie de le place qui fera les calculs, et consulter la cote de Paris afin de connaître la jouissance des fonds d'Etats pour les places où ils sont cotés intérêts non compris.

CALCULS DE PARIS

Quoiqu'il soit indifférent de calculer les fonds d'Etats sur la rente ou sur le capital, à Paris, on donne généralement la préférence au calcul sur la rente. La raison en est que, dans les opérations à terme de la bourse, les négociations se font par quotité déterminée de *rente*, d'après les bases suivantes ou leurs multiples :

5000 fr. ou 2500 fr. pour le 5 % français, italien ou turc
4500 fr. » 2250 fr. — le 4 ¼ français
4000 fr. » 2000 fr. — le 4 % français
3000 fr. » 1500 fr. — le 3 % français
3000 fr. pour le 6 % péruvien
300 piastres pour le 3 % espagnol
300 dollars — le 6 % américain
500 dollars — le 5 % américain
100 livres st. — le 5 % russe
60 livres st. — le 3 % anglais et portugais
1000 florins — le 5 % autrichien converti.

Ajoutons, pour mémoire, puisque l'occasion se présente, que les négociations des obligations de fonds publics français ou étrangers, tels que trentenaires, Morgan, Pagarès, Tabacs Italiens, Emprunts 6 0/0 ottomans, etc., se font par quotités de 25.

Quant aux actions ou obligations de sociétés diverses, telles que Banque de France, Crédit Foncier ou Mobilier, Comptoir d'Escompte, Chemins de fer, etc., elles se traitent aussi sur la base de 25.

D'après ce qui précède, les calculs de Paris se feront sur la rente.

Ceux de Londres se feront au moyen du Capital et nous en dirons le motif.

Enfin, pour nous conformer à l'habitude, nous ferons aussi les calculs des autres places cambistes sur le capital.

Au reste, on trouve le capital d'une rente, en multipliant la rente par 100 et en divisant le produit obtenu par le taux de la rente ; réciproquement on trouve la rente d'un capital en multipliant le capital par le taux de la rente et en divisant par 100 le produit obtenu.

Problèmes

1ᵉʳ *Problème*

3000 fr., rente, 3 0/0 français, à 71,57 1/2 fr.

2ᵐᵉ *Problème*

4500 fr., rente, 3 0/0 français, à 71,57 1/2 fr.

3ᵐᵉ *Problème*

2500 fr., rente, 5 0/0 français, à 106,17 1/2 fr.

4ᵐᵉ *Problème*

2500 fl., rente, 2 1/2 0/0 hollandais, à 63 fl.
57 fl. = 120 fr.

5ᵐᵉ *Problème*

120 l.st., rente, 3 0/0 anglais consol., à 95 1/2 l. st.
1 l. st. = 25,20 fr.

6ᵐᵉ *Problème*

7500 lire, rente, 5 0/0 italien, à 74,10 lire

7ᵐᵉ *Problème*

2500 fl., rente, 5 0/0 autrichien, à 57 1/2 fl.
1 fl. = 2,50 fr.

6

8ᵐᵉ *Problème*

225 l. st., rénte, 4 1/2 0/0 russe, à 87 1/4 l. st.
1 l. st. = 25,20 fr.

9ᵐᵉ *Problème*

100 l. st., rente, 5 0/0 russe, à 94 1/2 l. st.
1 l.st. = 25,20 fr.

10ᵐᵉ *Problème*

500 dol., rente, 5 0/0 américain, à 108 3/4 dol.
1 dol. = 5 fr.

11ᵐᵉ *Problème*

300 p., rente, 3 0/0 espagnol ext., à 14 1/4 p.
1 p. = 5,40 fr.

12ᵐᵉ *Problème*

2500 l. st., rente, 5 0/0 turc, à 12 4/5 l. st.
1 l. st. = 25 fr.

13ᵐᵉ *Problème*

120 l. st., rente, 6 0/0 péruvien, à 18 3/4 l. st.
1 l. st. = 25 fr.

Nous ajoutons à ces problèmes sur les fonds d'Etats trois problèmes sur les actions et un problème sur les obligations.

14ᵐᵉ *Problème*

25 actions libérées de la Banque de France, à 3715 fr.

15ᵐᵉ *Problème*

25 actions de 1000 fr. de la Banque de Paris et des Pays-Bas dont 500 fr. payés, à 1067,50 fr.

16ᵐᵉ *Problème*

100 actions de 500 fr. de la Société des Dépôts et Comptes Courants, dont 125 fr. payés, à 631,25 fr.

17ᵐᵉ *Problème*

75 obligations 3 0/0 libérées de Paris-Lyon-Méditerranée, fusion nouvelle, à 332,50 fr.

Solutions

Solution du 1ᵉʳ *Problème*

Conjointe d'après la rente

$$\text{fr. } x \qquad 3000 \text{ fr. rente}$$
$$\text{fr. rente } 3 \qquad 71,575 \text{ fr,}$$

D'où $x = \dfrac{3000 \times 71,575}{3} = 1000 \times 71,575 = 71575$ fr.

Conjointe d'après le capital

$$\text{fr. } x \qquad 100000 \text{ fr. capital}$$
$$\text{fr. capital } 100 \qquad 71,575 \text{ fr.}$$

D'où $x = \dfrac{100000 \times 71,575}{100} = 71575$ fr.

Il faut induire de ces deux calculs que, si la rente est à 3 0/0, 3000 fr. de rente représentent un capital nominal de 100000 fr. comme 3 fr. de rente représentent un capital de 100 fr., et qu'il suffit alors de multiplier le cours par 1000.

Il en serait de même et l'on multiplierait par 1000, si la rente était à 4 0/0 à 4 1/2 0/0, à 5 0/0, à 6 0/0, etc. et qu'on voulût avoir le prix de 4000, 4500, 5000, 6000 fr. etc. de rente.

Ces observations ont pour objet la suppression des conjointes dans les calculs qui vont suivre et l'emploi de moyens abréviatifs.

Solution du 2ᵉ *Problème*

Pour 3000 fr. de rente on a 71,575 × 1000 = 71575,»

— 1500 fr. id. on a $\dfrac{71575}{2}$ = ... 35787,50

Ensemble..................................... 107362,50 fr.

Solution du 3me Problème

Pour 5000 fr. de rente on aurait   106175 fr.

— 2500 fr.   id.   on aura $\dfrac{106175}{2}$ $= 53087,50$ fr.

Solution du 4me Problème

Pour 2500 fl. de rente, à 63 fl., on aurait en monnaie de Hollande 63000   .

Le change fixe étant 57 fl. $=$ 120 fr.

On aura à Paris $\dfrac{63000 \times 120}{57}$ $= 132631,60$ fr.

Solution du 5me Problème

Pour 3000 l.st. rente, à 95 ½, on aurait en monnaie anglaise 95500 l. st.

— 120 le $^1/_{25}$ de 3000 on aurait $\dfrac{95500}{25}$ $=$ .... 3820 l. st.

Le change fixe étant 1 l. st. $=$ 25,20 fr.

On aura à Paris 3820 $\times$ 25,20 $= 96264$ fr.

Solution du 6me Problème

Pour 5000 lire de rente on a en Italie   74100
— 2500 lire   id.   id.   37050

Ensemble............ 111150 lire

Le change, à Paris, étant de 1 lire pour 1 fr., on aura 111150 fr.

Solution du 7me Problème

Pour 5000 fl. rente, à 57 ½, on aurait en monnaie d'Autriche 57500 fl.

— 2500 fl.   id. on aurait $\dfrac{57500}{2}$ $=$ . ... 28750 fl.

Le change fixe étant 1 fl. $=$ 2,50 fr.

On aura, à Paris, 28750 $\times$ 2,50 $=$ 71875 fr.

Solution du 8me Problème

Pour 4500 l.st. rente, à 84 ¼, on aurait en monnaie anglaise 84500 l. st.

— 225 l.st. rente, le $^1/_{20}$ de 4500, on aurait $\dfrac{84500}{20}$ $=$ ..... 4225 l.st.

Le change fixe étant 1 l.st. $=$ 25,20 fr.

On aura à Paris 4225 $\times$ 25,20 $= 106470$ fr.

Solution du 9ᵐᵒ Problème

Pour 5000 l.st. rente, à 94 ½, on aurait en monnaie anglaise 94500 l.st.

—   100 l.st. rente, le $^1/_{50}$ de 5000, on aurait $\dfrac{94500}{50} =$ .... 1890 l.st.

Le change fixe étant 1 l.st. = 25,20,

On aura à Paris 1890 $\times$ 25,20 $= 47628$ fr.

Solution du 10ᵐᵉ Problème

Pour 5000 dol. rente, à 108 ¾, on aurait en Amérique .... 108750 dol.

—   500 dol. rente, le $^1/_{10}$ de 5000, on aurait $\dfrac{108750}{10} = 10875$ dol.

Le change fixe étant 1 dol = 5 fr.

On aura à Paris 10875 $\times$ 5 $= 54375$ fr.

Solution du 11ᵐᵉ Problème

Pour 3000 p. rente, à 14 ¼, on aurait en monnaie espagnole 14250 p.

—   300 p. rente, le $^1/_{10}$ de 3000, on aurait $\dfrac{14250}{10} =$ .... 1425 p.

Le change fixe étant 1 p. = 5,40 fr.

On aura à Paris 1425 $\times$ 5,40 $= 7695$ fr.

Solution du 12ᵐᵒ Problème

Pour 5000 l. st. rente, à 12 $^4/_5$, on aurait en monnaie anglaise 12800 l.st.

—   2500 l. st. id. ½ de 5000, on aurait $\dfrac{12800}{2} =$ .... 6400 l.st.

Le change fixe étant 1 l. st. = 25 fr.

On aura à Paris 6400 $\times$ 25 $= 160000$ fr.

Solution du 13ᵐᵒ Problème

Pour 6000 l. st. rente, à 18 ¾, on aurait en monnaie anglaise 18750 l.st.

—   120   id.   le $^1/_{50}$ de 6000, on aurait $\dfrac{18750}{50} =$ ..... 375 l.st.

Le change fixe étant 1 l. st. = 25 fr.

On aura à Paris 375 $\times$ 25 $= 9375$ fr.

Solution du 14ᵐᵉ Problème

Le cours des actions libérées étant de 3715 fr.

25 actions libérées valent 3715 $\times$ 25 $= 92875$ fr.

6.

Solution du 15° problème

Le cours nominal des actions de 1000 fr. étant de...................... 1067,50

Dont il faut déduire :

½ de 1000 fr. réservés par l'acheteur pour libérer les actions.. 500,»

Le cours effectif est de 567,50

, Or, 567,50 × 25 = 14187,50 fr.

Solution du 16° problème

Le cours nomimal des actions de 500 fr. étant de................ 631,25

Dont il faut déduire :

¾ de 500 fr. réservés par l'acheteur pour libérer les actions.. .. 375,»

Le cours effectif est de 256,25

Or, 256,25 × 100 = 25625 fr.

Solution du 17° problème

Le cours des obligations libérées étant de 332,50

75 obligations valent 332,50 × 75 = ... 24937,50

CALCULS DE LONDRES

A l'occasion des changes fixes, nous avons fait remarquer que Londres a contracté l'habitude de transformer d'abord la plupart des rentes des fonds étrangers en capital exprimé en monnaie anglaise au moyen des changes fixes et que cette opération préliminaire abrége les calculs.

En ce qui regarde les fonds d'état français, comme le change fixe est à Londres de 1 livre sterling pour 25 francs, l'observation a fait reconnaître que, quel que soit le taux de la rente, si cette rente est de 1000 fois le taux, on trouvera toujours le même capital 4000 livres sterling, équivalant au capital 100000 francs.

Prenons pour exemple 4000 francs de rente française 4 0/0 et démontrons, au moyen d'une conjointe, que 4000 francs de rente équivalent à 4000 livres sterling de capital, en monnaie anglaise.

Conjointe

$$
\begin{array}{ll}
\text{l. st. capital } x & 4000 \text{ fr. rente } 4\ \% \\
\text{fr. rente } 4\ \%\ 4 & 100 \text{ fr. capital} \\
\text{fr. capital } 25 & 1\ \text{l. st. capital}
\end{array}
$$

$$
\text{D'où } x = \frac{4000 \times 100}{4 \times 25} = \frac{1000 \times 100}{25} = 4000 \text{ l. st. capital}
$$

Toutes les rentes de 1000 fois le taux nous fourniront des formules analogues à celle que nous avons déduite de la conjointe ci-dessus et conduiront essentiellement au même résultat. En effet, on aurait :

Pour 3000 fr. de rente 3 % $\dfrac{3000 \times 100}{3 \times 25} = \dfrac{100000}{25} - 4000$ l. st. capit.

Pour 4500 fr. id. 4 ½ % $\dfrac{4500 \times 100}{4\ ½ \times 25} = \dfrac{100000}{25} = 4000$ id.

Pour 5000 fr. id. 5 % $\dfrac{5000 \times 100}{5 \times 25} = \dfrac{100000}{25} = 4000$ id.

Pour 6000 fr. id. 6 % $\dfrac{6000 \times 100}{6 \times 25} = \dfrac{100000}{25} = 4000$ id.

Et l'on induit de là que, pour former le capital en monnaie anglaise d'une rente française, il faut augmenter ou diminuer le chiffre de la rente selon que le taux s'écarte de 4 pour 0/0 comme suit :

$$
\begin{array}{llll}
\text{à} & 3\ ^0/_0 & \text{augmenter de} & \tfrac{1}{3} \\
» & 4\ ^1/_2\ ^0/_0 & \text{diminuer de} & \tfrac{1}{9} \\
» & 5\ ^0/_0 & \text{id.} & \text{de } \tfrac{1}{5} \\
» & 6\ ^0/_0 & \text{id.} & \text{de } \tfrac{1}{3}
\end{array}
$$

Ainsi, d'après ces principes, les rentes françaises ci-dessous seront transformées en capitaux de monnaie anglaise de la manière suivante :

5700 fr. rente 4 % équivaudront à 5700 l. st. capital 4 % français
4500 fr. id. 3 % + ⅓ ou 1500 = 6000 l. st. id. 3 % id.
3600 fr. id. 4 ½ % — ¹/₉ ou 400 = 3200 l. st. id. 4 ½ % id.
2000 fr. id. 5 % — ¹/₅ ou 400 = 1600 l. st. id. 5 % id.
1500 fr. id. 6 % — ¹/₃ ou 500 = 1000 l. st. id. 6 % id.

Et ainsi de toutes les rentes qui sont en francs ou en lire.

Il ne nous reste plus qu'à renvoyer au chapitre intitulé Intérêts courus des Fonds publics, et nous aurons complété les renseignements nécessaires pour le calcul des fonds publics à Londres.

Problèmes

1er *Problème*

500 l. st., capital, 3 % anglais consolidés, à 95 $^7/_8$ l. st.

2me *Problème*

1500 fr., rente, 3 % français, à 71 $^5/_4$ fr.
1 l. st. = 25 fr.

3me *Problème*

10000 fr., rente, 5 % français, à 105 $^3/_8$ fr.
1 l. st. = 25 fr

4me *Problème*

7500 lire, rente, 5 % italien, à 73 $^3/_8$ lire
1 l. st. = 25 lire

5me *Problème*

2500 fl., rente, 5 % autrichien, à 57 $^1/_2$ fl.
1 l. st. = 10 fl.

6me *Problème*

2250 l. st., rente, 4 ½ % russe, à 85 $^3/_4$ l. st.

7me *Problème*

1250 dol., rente, 5 % américain, à 107 $^{15}/_{16}$ dol.
1 dol. = 4 sh.

8me *Problème*

1500 p., rente, 3 % espagnol ext., à 14 $^1/_8$ p.
1 p. = 51 d. st.

9ᵐᵉ *Problème*

100 l. st., rente, 5 % turc, à 12 $^{7}/_{16}$ l. st.

10ᵐᵉ *Problème*

150 l. st., rente, 6 % péruvien, à 18 $^{5}/_{8}$ l. st.

Solutions

Solution du 1ᵉʳ problème

Pour 100000 l. st. capital on aurait 95875 l. st.
Pour 500 l. st. = $^{1}/_{200}$ ou ½ du centième de 100000 l. st., on aura :

$$\frac{958,75}{2} = 479,375 \text{ ou } 479.7.6 \text{ l. st.}$$

Solution du 2ᵐᵉ problème

1500 fr. rente 3 % + ⅓ = 2000 l. st. capital

$$\frac{2000 \times 71,75}{100} = 1535 \text{ l. st.}$$

Solution du 3ᵐᵉ problème

10000 fr. rente 5 % — ⅛ = 8000 l. st. capital

$$\frac{8000 \times 105\,⅜}{100} \text{ ou } \frac{8000 \times 105,375}{100} = 8430 \text{ l. st.}$$

Solution du 4ᵐᵉ problème

7500 lire rente 5 % — ⅛ = 6000 l. st. capital

$$\frac{6000 \times 73,375}{100} = 4402.10 \text{ l. st.}$$

Solution du 5ᵐᵉ problème

2500 fl. rente 5 % = 50000 fl. capital
Le change fixe étant 1 l. st. = 10 fl., on aura :

$$\frac{50000}{10} = 5000 \text{ l. st. capital}$$

Or, $\dfrac{5000 \times 57,5}{100} = 2875$ l. st.

Solution du 6ᵐᵉ problème

2250 l. st. rente 4 ½ % = 50000 l. st. capital

$$\frac{50000 \times 85,75}{100} = 42875 \text{ l. st.}$$

Solution du 7ᵐᵉ problème

1250 dol. rente 5 % = 25000 dol. capital

Le change fixe étant 1 dol. = 4 sh., on aura

$$\frac{25000 \times 4}{20} \text{ ou } \frac{25000}{5} = 5000 \text{ l. st. capital}$$

Or, $\dfrac{5000 \times 107\ {}^{15}/_{16}}{100} = 5396,876 = 5396.17.6$ l. st.

Solution du 8ᵐᵉ problème

1500 p. rente 3 % = 50000 p. capital

Le change fixe étant 1 p. = 51 d. st., on aura :

$$\frac{50000 \times 51}{240} = 10625 \text{ l. st. capital}$$

Or, $\dfrac{10625 \times 14\ {}^{1}/_{8}}{100} = 1500,78 = 1500.15.7$ l. st.

Solution du 9ᵐᵉ problème

100 l. st. rente = 2000 l. st. capital

$$\frac{2000 \times 12\ {}^{7}/_{16}}{100} = 248,75 = 248.15 \text{ l. st.}$$

Solution du 10ᵐᵉ problème

150 l. st. rente ou $^{1}/_{40}$ de 6000 = $\dfrac{100000}{40}$ = 2500 l. st. capital

$$\frac{2500 \times 18\ {}^{5}/_{8}}{100} = 465,625 = 465.12.6 \text{ l. st.}$$

CALCULS DE LA HOLLANDE

Nous avons vu, dans le chapitre qui a pour titre INTÉRÊTS COURUS DES FONDS PUBLICS, qu'en Hollande les intérêts ne sont pas compris dans les cours.

Comme l'intérêt qui s'ajoute au cours se prend invariablement sur le capital nominal 100, il n'y a aucune difficulté à le trouver ; mais c'est surtout dans ces calculs qu'il ne faut pas se laisser séduire par l'appât des intérêts tout faits et très-mal faits de 0,417 ; 0, 33, etc., par mois pour le 5 0/0, le 4 0/0, etc., et qu'il faut employer les fractions ordinaires 5/12 0/0, 1/3 0/0 etc. ; car il s'agit assez généralement de sommes importantes qui feraient ressortir de grosses erreurs.

Il est bien entendu que cette proscription ne s'étend pas aux intérêts décimaux qui sont exacts, comme 50 centièmes, 35 centièmes, 25 centièmes, etc., représentant correctement les intérêts par mois à 6 0/0, à 4 1/5 0/0, à 3 0/0, etc., dont on se servira lorsque le cours sera coté avec des décimales.

Pour s'assurer des jouissances, on devra recourir à la cote de Paris. Quoiqu'on les trouve dans la plupart des cotes, les exigences de l'impression nous ont déterminé à les supprimer dans les cotes étrangères. Au surplus, nous les indiquons dans les problèmes.

Problèmes

Quelle est la valeur en florins des Pays-Bas des Fonds publics ci-dessous, à *l'époque du* 30 *Septembre* ?

1er *Problème*

3000 fl., rente, 2 1/2 0/0 hollandais, à 62 3/4 — 1er juillet

2me *Problème*

4200 fr., rente, 3 0/0 français, à 68 1/2 — 1er juillet,
2 fr. = 1 fl.

3me *Problème*

7500 fr., rente, 5 0/0 français, à 101 — 15 août,
2 fr. = 1 fl.

4me *Problème*

2500 lire, rente, 5 0/0 italien, à 69 5/8 — 1er juillet,
2 lire = 1 fl.

5me *Problème*

5000 fl., rente, 5 0/0 autrichien, à 55 3/4 — 1er juillet,
10 fl. d'Autriche = 12 fl.

6me *Problème*

180 l. st., rente, 4 1/2 0/0 russe, à 85 1/4 — 1er avril,
1 l.st. = 12 fl.

7me *Problème*

1250 dol., rente, 5 0/0 américain, à 103 3/4 — 1er août,
1 dol. = 2 1/2 fl.

8me *Problème*

300 p., rente, 3 0/0 espagnol ext., à 13 13/16 — 1er juillet,
1 p. = 2 1/2 fl.

9me *Problème*

250 l. st., rente, 5 0/0 turc, à 11 3/8 — 1er juillet,
1 l. st. = 12 fl.

10me *Problème*

1500 l. st., rente, 6 0/0 péruvien, à 17 1/8 — 1er juillet,
1 l. st. = 12 fl.

Solutions

Solution du 1er problème

CALCUL DE L'INTÉRÊT

Du 1er juillet au 30 septembre, il y a trois mois

$$1 \text{ m.} = \frac{2\,\frac{1}{2}}{12} \text{ ou } {}^{5}/_{24} \text{ et } 3 \text{ m.} = {}^{5}/_{24} \times 3 \text{ ou } \frac{5}{8}\,\%$$

Addition de l'intérêt au cours

62 3/4 ou 62 $^{6}/_{8}$ + $\frac{5}{8}$ = 63 $\frac{3}{8}$

Formation du Capital

$$\frac{3000 \times 100}{2\ \frac{1}{2}} = 120000 \text{ fl.}$$

Formation du prix

Pour 100000 fl. de capital on aura.. 63375

— 20000, le $\frac{1}{5}$, on aura $\frac{63375}{5}$ = ... 12675

Ensemble .... **76050 fl.**

Solution du 2me problème

Calcul de l'Intérêt

Du 1er juillet au 30 septembre, il y a 3 mois
1 m. = $^{3}/_{12}$ ou $\frac{1}{4}$ et 3 m. = $\frac{3}{4}$ %

Addition de l'intérêt au cours

68 ½ ou 68 $^{2}/_{4}$ + $\frac{3}{4}$ = 69 $\frac{1}{4}$

Formation du capital

$$\frac{4200 \times 100}{3} = 140000 \text{ fr.}$$

Formation du prix en francs

Pour 100000 fr. de capital on aurait.......... 69250

— 40000 fr. les $\frac{2}{5}$, on aura $\frac{69250 \times 2}{5}$ =........ 27700

Ensemble....................... 96950 fr.

Formation du prix en florins

Le change fixe étant 2 fr. = 1 fl., on aura $\frac{96950}{2}$ = **48475 fl.**

Solution du 3me problème

Calcul de l'Intérêt

Du 15 août au 30 septembre, il y a 1 ½ mois
1 m. = $^{5}/_{12}$; 1 ½ m. = $^{15}/_{24}$ ou $^{5}/_{8}$ %

Addition de l'intérêt au cours

$$101 + \tfrac{5}{8} = 101 \tfrac{5}{8}$$

Formation du capital

$$\frac{7500 \times 100}{5} = 150000 \text{ fr.}$$

Formation du prix en francs

Pour 100000 fr. de capital on aurait............. 101625, »

— 50000 fr., le ½, on aura $\dfrac{101625}{2}$ 50812,50

Ensemble .... 152437,50 fr.

Formation du prix en florins

Le change fixe étant 2 fr. = 1 fl., on aura $\dfrac{152437,50}{2} = 76218,75 \text{ fl.}$

Solution du 4ᵐᵉ problème

CALCUL DE L'INTÉRÊT

Du 1ᵉʳ juillet au 30 septembre, il y a 3 mois
1 m. = $\tfrac{5}{12}$; 3 m. = $\tfrac{5}{4}$ ou 1 ¼ %

Addition de l'intérêt au cours

$$69 \tfrac{5}{8} + 1 \tfrac{1}{4} = 70 \tfrac{7}{8}$$

Formation du capital

$$\frac{2500 \times 100}{5} = 50000 \text{ lire}$$

Formation du prix en lire

Pour 100000 lire de capital on aurait................. 70875, »

— 50000, le ½, on aura $\dfrac{70875}{2} =$ .... 35437,50 lire

Formation du prix en florins

Le change fixe étant 2 lire = 1 fl., on aura $\dfrac{35437,50}{2} = 17718,75 \text{ fl.}$

Solution du 5ᵐᵉ problème

CALCUL DE L'INTÉRÊT

Du 1ᵉʳ juillet au 30 septembre, il y a 3 mois

1 m. $= \frac{5}{12}$; 3 m. $= \frac{5}{4}$ ou $1 \frac{1}{4}$ %

Addition de l'intérêt au cours

$$55 \frac{3}{4} + 1 \frac{1}{4} = 57$$

Formation du capital

$$\frac{5000 \times 100}{5} = 100000 \text{ fl. d'Aut.}$$

Formation du prix en florins d'Autriche

Pour 10000 fl. de capital on a 57000 fl. d'Aut.

Formation du prix en florins des Pays-Bas

Le change fixe étant 10 fl. d'Aut. $= 12$ fl., on aura $\frac{57000 \times 12}{10} = 68400$ fl. P.

Solution du 6ᵐᵉ problème

CALCUL DE L'INTÉRÊT

Du 1ᵉʳ avril au 30 septembre, il y a 6 mois

1 m. $= \frac{4 \frac{1}{2}}{12}$ ou $\frac{9}{24}$; 6 m. $= \frac{9}{4}$ ou $2 \frac{1}{4}$ %

Addition de l'intérêt au cours

$$85 \frac{1}{4} + 2 \frac{1}{4} = 87 \frac{1}{2}$$

Formation du capital

$$\frac{180 \times 100}{4 \frac{1}{2}} = \frac{36000}{9} = 4000 \text{ l. st.}$$

Formation du prix en livres sterling

Pour 100000 l. st. de capital on aurait 87500

—   4000, le $\frac{1}{25}$, on aura $\frac{87500}{25} = 3500$ l. st.

Formation du prix en florins

Le change fixe étant 1 l. st. = 12 fl., on aura $3500 \times 12 = 42000$ fl.

Solution du 7ᵐᵉ problème

CALCUL DE L'INTÉRÊT

Du 1ᵉʳ août au 30 septembre, il y a 2 mois

1 m. $= {}^5/_{12}$; 2 mois $= {}^5/_6$ %

Addition de l'intérêt au cours

$103 \frac{3}{4}$ ou $103\ {}^9/_{12} + {}^5/_6$ ou ${}^{10}/_{12} = 104\ {}^7/_{12}$

Formation du capital

$$\frac{1250 \times 100}{5} = 25000 \text{ dol.}$$

Formation du prix en dollars

Pour 100000 dol. de capital on aurait.................. 104583,33

—   25,000, le ¼, on aura $\dfrac{104583,33}{4} = $ .... 26145,833 dol.

Formation du prix en florins

Le change fixe étant 1 dol. = 2 ½ fl., on aura $26145,833 \times 2\frac{1}{2} = 65364,60$ fl.

Solution du 8ᵐᵉ problème

CALCUL DE L'INTÉRÊT

Du 1ᵉʳ juillet au 30 septembre, il y a 3 mois

1 m. $= {}^3/_{12}$ ou ¼ ; 3 m. $= ¾$ %

Addition de l'intérêt au cours

$13\ {}^{13}/_{16} + ¾$ ou ${}^{12}/_{16} = 14\ {}^9/_{16}$

Formation du capital

$$\frac{300 \times 100}{3} = 10000$$

Formation du prix en piastres

Pour 100000 p. du capital on aurait 14562,50

— 10000, le $^1/_{10}$, on aura $\dfrac{14562,50}{10}$ .... = 1456,25 p.

Formation du prix en florins

Le change fixe étant 1 p. = 2 ½ fl., on aura 1456,25 $\times$ 2 ½ = 3640,62 ¼ fl.

Solution du 9me problème

CALCUL DE L'INTÉRÊT

Du 1er juillet au 30 septembre, il y a 3 mois

1 m. = $^5/_{12}$; 3 m. = $^5/_4$ ou 1 ¼ %

Addition de l'intérêt au cours

11 ⅜ $\times$ 1 ¼ ou 1 $^2/_8$ = 12 ⅝

Formation du capital

$$\dfrac{250 \times 100}{5} = 5000$$

Formation du prix en livres sterling

Pour 100000 l. st. de capital on aurait 12625

— 5000, le $^1/_{20}$, on aura $-\dfrac{12625}{20}$ = ... 631,25 l. st.

Formation du prix en florins

Le change fixe étant 1 l. st. = 12 fl., on aura 631,25 $\times$ 12 = 7575 fl.

Solution du 10me problème

CALCUL DE L'INTÉRÊT

Du 1er juillet au 30 septembre, il y a 3 mois

1 m. = ½ ; 3 mois = 1 ½ %

Addition de l'intérêt au cours

17 ⅛ + 1 ½ ou 1 $^4/_8$ = 18 ⅝

Formation du capital

$$\frac{1500 \times 100}{6} = 25000$$

Formation du prix en livres sterling

Pour 100000 l. st. de capital on aurait 18625

— 25000, le ¼, on aura $\frac{18625}{4} = $ .... 4656,25 l. st.

Formation du prix en florins

Le change fixe étant 1 l. st. $= 12$ fl., on aura $4656,25 \times 12 = 55875$ fl.

CALCULS DE L'ALLEMAGNE

Pour les jouissances, nous renvoyons à la cote de Paris, et pour les changes fixes à ceux de Berlin, de Hambourg et de Francfort. Nous rappelons aussi que pour les 5 0/0 autrichiens, argent ou papier, l'intérêt est réduit à 4 1/5 0/0, à cause de l'impôt de 16 0/0.

Problèmes

Quelle est la valeur en reichsmarks des fonds publics ci-dessous, à l'*époque du 30 Septembre* ?

1er *Problème*

2500 fr., rente, 5 % français, avec Francfort,
à 106 $^1/_2$ — change fixe 100 fr. $= 80$ rm.

2me *Problème*

7500 lire, rente, 5 % italien, avec Berlin,
à 73,30 — change fixe 100 lire $= 80$ rm.

3me *Problème*

1250 fl., rente, 5 % autrichien argent, avec Francfort,
à 57 $^5/_8$ — change fixe 1 fl. $= 2$ rm.

4me *Problème*

1000 dol., rente, 5 % américain, avec Berlin,
à 102,70 — change fixe 1 dol. = 4,25 rm.

5me *Problème*

1500 p., rente, 3 % espagnol ext., avec Francfort,
à 13 $^3/_4$ — change fixe 1 p. = 4,25 rm.

6me *Problème*

250 l. st., rente, 5 % turc, avec Hambourg,
à 11 $^1/_4$ — change fixe 1 l. st. = 21 rm.

Solutions

Solution du 1er problème

Addition de l'intérêt au cours

Jouissance du 16 août — 1 ½ mois d'intérêts, à 5 %

$$106 \tfrac{1}{4} + \tfrac{5}{8} = 107 \tfrac{1}{8}$$

Capital de la rente

$$\frac{2500 \times 100}{5} = 50000 \text{ fr.}$$

Prix coûtant

En francs : $\dfrac{107125}{2} = 53562,50 \text{ fr.}$

En reichsmarks : $\dfrac{53562,50 \times 80}{100} = 42850 \text{ rm.}$

Solution du 2me problème

Addition de l'intérêt au cours

Jouissance du 1er juillet — 3 mois d'intérêts à 5 %

$$73,30 + 1,25 = 74,55$$

Capital de la rente

$$\frac{7500 \times 100}{5} = 150000 \text{ lire}$$

Prix coûtant

En lire : $74550 + 37275 = 111825$ lire

En reichsmarks : $\frac{111825 \times 80}{100} = 89460$ rm.

Solution du 3ᵐᵉ problème

CALCUL DE L'INTÉRÊT

Jouissance du 1ᵉʳ juillet — 3 mois d'intérêts réduits à 4 ⅕ % à cause de l'impôt de 16 %

Pour 1 mois $\frac{4\frac{1}{5}}{12} = \frac{21}{60} = \frac{7}{20} = 0,35$; pour 3 m. $0,35 \times 3 = 1,05$

Addition de l'intérêt au cours

57 ⅝ ou $57, 625 + 1,05 = 58,675$

Capital de la rente

$$\frac{1250 \times 100}{5} = 25000 \text{ fl.}$$

Prix coûtant

En francs : $\frac{58675}{4} = 14668,75$ fl.

En reichsmarks : $14668,75 \times 2 = 29357,50$ rm.

Solution du 4ᵐᵉ problème

Addition de l'intérêt au cours

Jouissance du 1ᵉʳ août — 2 mois d'intérêts à 5 %

$102,70 + \frac{5}{6}$ ou 0,83 ⅓ $= 103,53$ ⅓

Capital de la rente

$$\frac{1000 \times 100}{5} = 20000 \text{ dol.}$$

Prix coûtant

En dollars : $\dfrac{103533 \frac{1}{3}}{5} = 20706 \frac{2}{3}$ dol.

En reichsmarks : $20706 \frac{2}{3} \times 4,25 = 88003,35$ rm.

Solution du 5me problème

Addition de l'intérêt au cours

Jouissance du 1er juillet — 3 mois d'intérêts à 3 %
$$13 \frac{3}{4} + \frac{3}{4} = 14 \frac{1}{2}$$

Capital de la rente

$$\frac{1500 \times 100}{3} = 50000 \text{ p.}$$

Prix coûtant

En piastres : $\dfrac{14500}{2} = 7250$ p.

En reichsmarks : $7250 \times 4,25 = 30812,50$ rm.

Solution du 6me problème

Addition de l'intérêt au cours

Jouissance du 1er juillet — 3 mois d'intérêts à 5 %
$$11 \frac{1}{4} + 1 \frac{1}{4} = 12 \frac{1}{2}$$

Capital de la rente

$$\frac{250 \times 100}{5} = 5000 \text{ l. st.}$$

Prix coûtant

En livres sterling : $\dfrac{12500}{20} = 625$ l. st.

En reichsmarks : $625 \times 21 = 13125$ rm.

8.

CALCULS DE VIENNE

Problème

Quelle est la valeur en florins d'Autriche du fonds d'État ci-dessous, à *l'époque du* 30 *Septembre* :

10000 fl., rente, 5 % autrichien argent, à 68,80 ?

Solution

Addition de l'intérêt au cours

Jouissance du 1er juillet — 3 mois d'intérêts à 4 ⅛ %

$$68,80 + 1,05 = 69,85$$

Capital de la rente

$$\frac{10000 \times 100}{5} = 200000 \text{ fl.}$$

Prix coûtant

Pour 100000 fl. de capital on aurait......... 69850

— 200000, le double, on aura .... $69850 \times 2 = 139700$ fl.

CALCULS DE LA BELGIQUE

Voyez les jouissances dans la cote de Paris et les changes fixes de Bruxelles et d'Anvers.

Problèmes

Quelle est la valeur en francs de Belgique des fonds d'États ci-dessous, à *l'époque du* 30 *Septembre* ?

1er *Problème*

2000 fl., rente, 5% autrichien argent, avec Bruxelles,
à 56 — change fixe 1 fl. = 2,50 fr. de B.

2me *Problème*

225 l. st., rente, 4 ½ % russe 1875, avec Anvers,
à 86 ¹/₄ — change fixe 1 l. st. = 25,40 fr. de B.

3ᵐᵉ Problème

1000 dol., rente, 5 % américain, avec Bruxelles,
à 102 — change fixe 1 dol. = 5,40 fr. de B.

4ᵐᵉ Problème

600 p., rente, 3 % espagnol ext., avec Bruxelles,
à 13 ½, *sans intérêt*, ch. fixe 1 p. = 5,40 fr. de B.

5ᵐᵉ Problème

100 l. st., rente, 5 % turc, avec Bruxelles,
à 11 ¾, *sans intérêt*, ch. fixe 1 l. st. = 25 fr. de B.

Solutions

Solution du 1ᵉʳ problème

Addition de l'intérêt au cours

Jouissance du 1ᵉʳ juillet — 3 mois d'intérêts à 5 %

$$56 + 1\ ¼ = 57\ ¼$$

Capital de la rente

$$\frac{2000 \times 100}{5} = 40000 \text{ fr.}$$

Prix coûtant

En florins : $\dfrac{57250 \times 2}{5} = 22900$ fl.

En francs de B. 22900 × 2,5 = 57250 fr. de B.

Solution du 2ᵐᵉ problème

Jouissance du 1ᵉʳ avril — 6 mois d'intérêts à 4 ½ %

$$86\ ¼ + 2\ ¼ = 88\ ¼$$

Capital de la rente

$$\frac{225 \times 100}{4\ ½} \qquad 5000 \text{ l. st.}$$

Prix coûtant

En livres sterling : $\dfrac{88500}{20} = 4425$ l. st.

En francs de B. : $4425 \times 25{,}40 = 112395$ fr. de B.

Solution du 3ᵐᵉ problème

Addition de l'intérêt au cours

Jouissance du 1ᵉʳ août — 2 mois d'intérêts à 5 %

$$102 + {}^3/_6 = 102 \, {}^5/_6$$

Capital de la rente

$$\dfrac{1000 \times 100}{5} = 20000 \text{ dol.}$$

Prix coûtant

En dollars $\dfrac{102833 \, {}^2/_3}{5} = \dots\dots\dots\dots 20566 \, {}^2/_3$ dol.

En francs de Belgique : $20566 \, {}^2/_3 \times 5{,}40 = \dots 111060$ fr. de B.

Solution du 4ᵐᵉ problème

Capital de la rente

$$\dfrac{600 \times 100}{3} = 20000 \text{ p.}$$

Prix coûtant

En piastres : $\dfrac{13500}{5} = \dots\dots\dots 2700$ p.

En francs de Belgique : $2700 \times 5{,}40 = \dots 14580$ fr. de B.

Solution du 5ᵐᵉ problème

Capital de la rente

$$\dfrac{100 \times 100}{5} = 2000 \text{ l. st.}$$

Prix coûtant

En livres sterling : $\dfrac{11750}{50}$ = ... 235 l. st.

En francs de Belgique : 235 × 25 = ... 5875 fr. de B.

CALCULS DE L'ITALIE

Les intérêts sont compris dans les cours comme à Paris.

Problème

Quelle est la valeur en lire du fonds d'État ci-dessous :
6250 lire, rente, 5 % italien, à 79,22 ½.

Solution

Pour 5000 lire rente ou 100000 capital on a   79225,»

— 1250, le ¼ on a $\dfrac{79225}{4}$ = ,............. 19806,25

Ensemble...., ... 99031,25 lire

ARBITRAGES

ARBITRAGES

Les arbitrages, dans le langage de la bourse et dans le sens restreint de cet ouvrage, sont les calculs que fait le financier pour composer, au moyen des cours comparés des places cambistes avec lesquelles il est en rapport, des tableaux régulateurs de ses opérations de banque.

Ces opérations se font avec des changes ou effets de commerce sur l'étranger, avec des matières d'or ou d'argent et avec des fonds publics.

Elles ont pour objet, soit l'acquittement d'une dette, soit le recouvrement d'une créance, soit la spéculation.

Nous diviserons comme suit, les questions d'arbitrages :

1° Trois positions,
2° Cotes chiffrées à Paris,
3° Cotes chiffrées à l'Etranger,
4° Changes directs par Equivalences,
5° Prix de Revient et de Vente,
6° Ordres de Banque,
7° Frais dont il faut tenir compte dans les arbitrages.

Mais avant d'aborder les arbitrages, nous expliquerons ce que l'on entend par *Parités* et par *Changes directs*.

Nous aurons aussi à nous occuper des frais qui, dans la pratique, modifient les résultats spéculatifs ; mais nous n'en parlerons qu'après avoir traité à fond le sujet principal, dans la crainte de le compliquer et d'y apporter quelque confusion.

DES PARITÉS

Les parités sont les résultats des arbitrages. Elles expriment la valeur, en monnaie d'une place, d'une quantité déterminée de monnaie d'une autre place.

Ainsi qu'on le verra, lorsque nous ferons usage des parités, elles peuvent toutes, sauf celles des ordres de banque signifier à volonté des prix d'achat ou de revient et des prix de vente.

Lorsqu'on veut calculer une parité, il faut prendre pour base l'invariable du change de la place avec laquelle on doit opérer.

Par conséquent, la signification des parités diffère suivant que la place de celui qui fait les calculs donne le variable ou l'invariable.

Dans le premier cas, comme en France et dans la plupart des autres places, les parités expriment, en espèces de la place où l'on est, la valeur d'une quantité invariable de monnaie étrangère.

Dans le second cas, comme à St-Pétersbourg et à Londres, les parités expriment *le plus souvent* dans la dernière place et *toujours* dans la première, en espèces d'une autre place, la valeur d'une quantité invariable de monnaie de la place où l'on est.

DES CHANGES DIRECTS

Il faut entendre par changes directs les opérations réciproques qui se font entre deux places comme Paris et Londres, Paris et Amsterdam, Paris et Hambourg, etc., et qui concernent les effets de commerce de chacune d'elles, exclusivement à *toutes* les autres valeurs.

La question des changes directs, si simple pour les arbitragistes, embarrasse toujours le professeur, lorsqu'il s'adresse à des élèves qui n'ont pas étudié sérieusement les effets de commerce, et qui par conséquent ignorent que la lettre de change, appelée aussi traite ou tirage, a été inventée pour remplacer le billet ou la remise.

Dans les changes directs, les traites ou tirages ont pour objet de suppléer à l'envoi qui serait fait à l'étranger du papier de sa place ; car il est de règle invariable dans les affaires de ne pas vendre ou négocier des *remises* de sa place ailleurs que dans cette place. Tout négociant qui enfreindrait cette règle compromettrait son crédit.

Ainsi donc, on ne pourrait pas, à Paris, prendre dans son portefeuille ou acheter du papier sur Paris, pour le faire vendre ou négocier à Londres.

Mais rien n'empêche d'acquitter à Paris des traites tirées de Londres sur Paris, et cela revient au même.

En effet, acquitter à Paris une traite tirée sur Paris, équivaut à acheter à Paris du papier sur Paris ; car on *achète* un effet passif lorsqu'on l'acquitte, de même qu'on *vend* un effet actif lorsqu'on l'encaisse.

Au chapitre des arbitrages des *changes directs par équivalences*, nous donnerons des explications plus abondantes qui éclairciront complètement la question.

Pour le moment, ces simples notions suffiront à faire comprendre le rôle des traites employées comme remises, lorsque nous aurons présenté l'exemple suivant de l'usage des traites dans les opérations de changes directs.

Supposons-nous à Paris, ayant contracté à Londres une dette échue de 1000 livres sterling que nous voulons acquitter en nous servant du change direct, c'est-à-dire en y employant du papier sur Londres ou sur Paris ; supposons encore les cours ci-dessous :

Paris cote Londres, à vue.............. 25 fr., 25 cent.
Londres cote Paris, *ramené* à vue   25 fr., 20 cent.

Cela veut dire que si, pour acquitter ma dette de 1000 livres sterling, j'achetais à Paris du papier sur Londres, à vue, je dépenserais 25500 francs. En effet $25,50 \times 1000 = 25500$.

Tandis que si, pour acquitter ma dette de 1000 livres sterling, je fais vendre à Londres du papier sur Paris, à vue, je ne dépenserai que 25200 francs. En effet $25200/25,20 = 1000$.

Donc, au lieu d'acheter à Paris des remises sur Paris qui seraient vendues à Londres, il faudra faire vendre à Londres, sous forme de traite ou tirage, du papier sur Paris qui sera acheté à Paris par l'acquittement de la traite.

Rien de plus facile à comprendre que cette opération.

Aller plus loin dans notre démonstration, ce serait anticiper sur l'enseignement des changes directs par équivalences.

TROIS POSITIONS

Les arbitrages s'appliquent à trois positions bien marquées, qui peuvent donner lieu aux opérations financières avec l'étranger sur les changes, les matières d'or ou d'argent et les fonds publics.

La première est celle de débiteur, la deuxième celle de créancier, la troisième celle de spéculateur.

Telles sont les trois positions que nous nous proposons d'élucider séparément dans les trois chapitres suivants.

ARBITRAGES RELATIFS A LA 1re POSITION

Celui qui est débiteur dans une place étrangère, *en monnaie de cette place*, a trois moyens de payer sa dette, qui consistent, savoir :

Le premier, à acheter sur sa place du papier de la place du créancier et à l'envoyer à ce dernier qui l'encaissera, s'il est à vue ou échu, et qui le négociera ou l'évaluera, s'il est à échéance ;

Le deuxième, à autoriser le créancier à faire et à négocier des traites que le débiteur acquittera, si elles sont à vue, ou qu'il évaluera, si elles sont à échéance ;

Le troisième, à acheter sur sa place, soit du papier étranger à cette place et à celle du créancier, soit des matières d'or ou d'argent, soit des fonds publics, et à envoyer à ce dernier ces valeurs qu'il pourra vendre ou évaluer.

De ces trois moyens, les deux premiers concernent les changes directs que nous avons expliqués dans le chapitre précédent.

A moins de réserve particulière, il sera indifférent au créancier que le débiteur emploie l'un ou l'autre de ces moyens, pourvu qu'il recouvre sa créance.

Quant au débiteur, il est évident qu'il choisira celui des trois moyens qui lui fera débourser le moins d'argent.

Or, ce sont les arbitrages qui font connaître au débiteur le moyen le plus avantageux d'acquitter sa dette ; mais comme les arbitrages pourraient sembler abstraits, s'ils ne s'appliquaient pas à des opérations bien déterminées, nous rendrons nos raisonnements plus faciles à suivre en spécifiant la dette à payer et les valeurs parmi lesquelles on aura à choisir.

Supposons donc, encore une fois, qu'étant à Paris, nous avons contracté, envers une maison de Londres, une dette de 1000 livres sterling échue ou payable à vue.

Les trois moyens que nous avons d'acquitter notre dette ayant été expliqués un peu plus haut, nous nous bornerons à remettre sous les yeux les cours de changes directs et nous choisirons l'argent en barre pour troisième valeur.

Cote de Paris

2 0/0 — Londres, vue, 25,21 1/2 francs pour 1 livre st.
Argent en barre à 1000/1000, le kil. 218,89, moins 140 0/00 perte.

Cote de Londres

3 % — Paris, 3 mois, 25,37 ¼ fr. pour 1 livre sterling.
Argent en barre, à 11, 1/12 l'once, 52 9/16 deniers sterling.

Premier moyen

Arbitrage du papier sur Londres

Conjointe

fr. esp. x 1 l. st. esp.
l. st. esp. 1   1 l. st. vue
l. st. vue 1   25,21¼ fr. esp.

Signification de la Conjointe

1° Je cherche combien de francs, en espèces, je dépenserais à Paris pour y acheter du papier sur Londres, qui, encaissé ou négocié à Londres, y produirait 1 livre sterling, en espèces ;

2° Sachant que 1 livre sterling, en espèces, équivaut à 1 livre sterling, en papier sur Londres, à vue ;

3° Et que 1 livre sterling en papier sur Londres, à vue, coûte à Paris 25,21 ¼ fr., en espèces.

Parité

$$\frac{25,215 \times 1 \times 1}{1 \times 1} = 25,215 \text{ francs}$$

Signification de la parité

Cette parité signifie que si je dépensais à Paris 25,215 francs, en espèces, pour y acheter du papier sur Londres, *à une échéance quelconque*, l'encaissement ou la négociation de ce papier produirait à Londres 1 livre sterling, en espèces.

Réponse pour le 1er moyen

Pour 1000 l. st. la dépense serait 25,215 × 1000 = 25215 fr.

Deuxième moyen

Arbitrage du papier sur Paris

Conjointe

fr. esp. x 1 l. st. esp.
l. st. esp. 1   25,37½ fr. 3 m.
fr. 3 m. 100   99¼ fr. esp.

Signification de la conjointe

1° Je cherche combien de francs, en espèces ou à vue, je dépenserais à Paris pour y acquitter ou y escompter, c'est-à-dire y évaluer à vue, une traite fournie sur moi, à Londres, et dont la négociation y aurait produit 1 livre sterling, en espèces ; .

2° Sachant que 1 livre sterling, en espèces, est produite à Londres, par la vente de 25,37 ½ francs en papier sur Paris, à 3 mois d'échéance ;

3° Et que une traite de 100 francs sur Paris, à 3 mois d'échéance, escomptée à Paris, c'est-à-dire évaluée à vue, coûterait 99 $^1/_4$ francs, en espèces ou à vue.

Parité

$$\frac{99\,\tfrac{1}{4} \times 25,375 \times 1}{100 \times 1} = 25,185 \text{ francs}$$

Signification de la parité

Cette parité signifie que je dépenserais, à Paris, 25,185 francs pour y acquitter, en espèces, ou y évaluer, à vue, une traite tirée sur moi dont la négociation, opérée à Londres, y aurait produit 1 livre sterling, en espèces.

Réponse pour le 2me moyen

Pour 1000 l. st. la dépense serait 25,185 $\times$ 1000 $= 25185$ fr.

Troisième moyen

Arbitrage de l'argent en barre

Conjointe

fr. esp. x	1 l. st. esp.
l. st. esp. 1	240 d. st. esp.
d. st. esp. 52 $^5/_{16}$	1 on. 11,1/12
on. 11,1/12 12	11,1 on. $^{12}/_{12}$
on. 12/12 12	373,242 gr. $^{1000}/_{1000}$
gr. $^{1000}/_{1000}$ 1000	218,89 fr. év.
fr. év. 1000	860 fr. esp.

Signification de la conjointe

1° Je cherche combien de francs, en espèces, je dépenserais à Paris pour y acheter de l'argent en barre qui, vendu à Londres, y produirait 1 livre sterling, en espèces ;

2° Sachant que 1 livre sterling, en espèces, équivaut à 240 deniers sterling, en espèces ;

3° Sachant que 52 $^9/_{16}$ deniers sterling, en espèces, sont produits, à Londres, lorsqu'on y vend 1 once d'argent au titre de 11,1/12 ;

4° Sachant que 12 onces d'argent au titre de 11,1/12 équivalent à 11,1/12 onces d'argent au titre de 12/12 ;

5° Sachant que 12 onces d'argent à $^{12}/_{12}$ équivalent à 373,242 grammes d'argent à $^{1000}/_{1000}$;

6° Sachant que 1000 grammes d'argent à $^{1000}/_{1000}$ sont évalués à Paris 218,89 francs, d'après le cours commercial ;

7° Et que 1000 francs d'évaluation d'après le cours commercial ne produisent que 860 francs, en espèces, à Paris, à cause de la perte de 140 francs %₀.

Parité

$$\frac{1 \times 240 \times 1 \times 11,1 \times 373,242 \times 218,89 \times 860}{1 \times 52\,^9/_{16} \times 12 \times 12 \times 1000 \times 1000} = 24,729 \text{ francs}$$

Signification de la parité

Cette parité signifie que si je dépensais à Paris 24,726 francs, en espèces, pour y acheter de l'argent en barre, *à un titre quelconque*, cet argent, vendu à Londres, y produirait une livre sterling, en espèces.

Réponse pour le 3ᵐᵉ moyen

Pour 1000 l. st. la dépense serait 24,729 × 1000 = 24729 francs.

Choix de la valeur

Des trois parités que nous venons de calculer, la dernière est la plus faible et par conséquent la meilleure, parce qu'elle nous ferait dépenser moins d'argent que les autres pour acquitter notre dette de 1000 livres sterling échue, contractée à Londres.

En effet, elle est de 486 francs (25215—24729) plus faible que la 1re, celle du papier sur Londres, résultant de l'arbitrage du 1er moyen, et de 459 francs (25188 — 24729) plus faible que la 2e, celle du papier sur Paris, résultant de l'arbitrage du 2e moyen.

Donc nous choisirons la 3me parité, celle de l'argent en barre, résultant de l'arbitrage du 3me moyen.

ARBITRAGES RELATIFS A LA 2me POSITION

Il est évident que cette seconde position est l'inverse de la première et que les parités que nous avons trouvées pour le cas où il s'agissait de payer une dette serviraient aussi, mais inversement, dans le cas où il s'agit de recouvrer une créance. Il suffirait d'attribuer à ces parités une tout autre signification que celle que nous leur avons donnée, et de choisir la plus forte comme la plus avantageuse.

Mais, outre qu'il convient de s'exercer encore pour mieux savoir, il faut aussi donner aux rapports des conjointes des interprétations différentes de celles qu'elles ont dans la première position.

Nous allons donc étudier cette deuxième position comme si nous n'avions pas étudié la première.

Celui qui est créancier dans une place étrangère, *en monnaie de cette place*, a trois moyens de recouvrer sa créance.

Ces trois moyens consistent, savoir :

Le premier, à faire acheter par le débiteur, sur sa place, du papier de la place du créancier, que ce dernier encaissera, si le papier est à vue, et qu'il pourra négocier ou évaluer, s'il est à échéance ;

Le deuxième, à fournir sur le débiteur des traites du créancier, qui seront négociées par ce dernier dans la place où il est.

Le troisième, à faire acheter par le débiteur, soit du papier étranger à sa place et à celle du créancier, soit des matières d'or ou d'argent, soit des fonds publics que le premier enverra au dernier et que celui-ci négociera dans sa place.

Comme dans la 1re position, les deux premiers de ces trois moyens concernent les changes directs.

Peu importe au débiteur celui des trois moyens que le créancier emploiera pour se faire payer, pourvu qu'il ne dépense que ce qu'il doit.

Quant au créancier, il ne manquera pas de choisir celui des trois moyens qui lui produira le plus d'argent.

Pour rendre nos raisonnements plus faciles à suivre nous allons préciser la créance à recouvrer et les valeurs parmi lesquelles on aura à choisir.

Supposons qu'étant à Paris nous avons fait opérer pour notre compte, à Amsterdam, des ventes qui se sont élevées à la somme de 100000 florins des Pays-Bas que nous voulons recouvrer.

Les trois moyens que nous avons de recouvrer notre créance ayant été expliqués un peu plus haut, nous nous bornerons à remettre sous les yeux les cours des changes directs et nous indiquerons le papier sur la Suisse pour troisième valeur.

Cote de Paris

3 % — Amsterdam, 3 mois, 207 francs pour 100 florins, et 4 %.
3 % — Suisse, vue, 1/16 perte par 100 francs de Suisse.

Cote de Hollande

3 % — Paris, court ou 8 jours, 47,95 florins pour 100 francs.
3 % — Suisse, 3 mois, 47,» florins pour 100 fr. de Suisse.

Premier moyen

Arbitrage du papier sur Paris

Conjointe

fr. esp. x	100 fl. esp.
fl. esp. 47,95	100 fr. 8 jours
fr. 8 jours 100	99 $^{14}/_{15}$ fr. esp.

Signification de la conjointe

1° Je cherche combien de francs, en espèces, je recevrais à Paris, en y encaissant ou en y négociant du papier sur Paris, qui, acheté à Amsterdam aurait coûté 100 florins, en espèces ;

2° Sachant que 47,95 florins, en espèces, sont dépensés à Amsterdam pour y acheter 100 francs en papier sur Paris, à 8 jours d'échéance ;

8

3º Et que 100 francs en papier sur Paris, à 8 jours d'échéance, négociés à Paris, y produisent 99 $^{14}/_{15}$ francs, en espèces. — En effet 8 jours à 3 % $= {}^{8}/_{120} = {}^{1}/_{15}$ %, et 100 — $^{1}/_{15} =$ 99 $^{14}/_{15}$.

Parité

$$\frac{100 \times 99 \, {}^{14}/_{15}}{47,95} = 208,41154 \text{ francs}$$

Signification de la parité

Cette parité signifie que je recevrais à Paris 208,41154 francs, en espèces, en y encaissant ou en y négociant du papier sur Paris, *à une échéance quelconque*, dont l'achat aurait coûté à Amsterdam 100 florins, en espèces.

Réponse pour le 1er moyen

Pour 100000 florins dépensés à Amsterdam on encaisserait à Paris

$$\frac{208,41154 \times 100000}{100} = 208411,54 \text{ francs.}$$

Deuxième moyen

Arbitrage du papier sur Amsterdam

Conjointe

fr. esp. x	100 fl. esp.
fl. esp. 99	100 fl. 3 m.
fl. 3 m. 100	207 fr. esp.

Signification de la conjointe

1º Je cherche combien de francs, en espèces, j'encaisserais à Paris en y négociant une traite sur Amsterdam qui, acquittée ou escomptée, c'est-à-dire évaluée à vue, ferait dépenser à Amsterdam 100 florins, en espèces ou à vue.

2º Sachant que 99 florins, en espèces ou à vue, sont dépensés à Amsterdam chaque fois qu'on y escompte, c'est-à-dire qu'on y évalue une traite de 100 florins, à 3 mois d'échéance ;

3º Et que 100 florins en papier sur Amsterdam, à 3 mois d'échéance, se vendent à Paris 207 francs, en espèces.

Parité

$$\frac{100 \times 207}{99} = 209,09091 \text{ francs}$$

Signification de la parité

Cette parité signifie que j'encaisserais à Paris 209,09091 francs en y vendant une traite sur Amsterdam dont l'acquittement, en espèces, ou l'évaluation, à vue, ferait dépenser 100 florins à Amsterdam.

Réponse pour le 2ᵉ moyen

Pour 100000 florins dépensés à Amsterdam on encaisserait à Paris
$$\frac{209,09091 \times 100000}{100} = 209090,91 \text{ francs.}$$

Troisième moyen

Arbitrage du papier sur la Suisse

Conjointe

fr. esp. x	100 fl. esp.
fl. esp. 47	100 fr. S. 3 m.
fr. S. 3 m. 100	99 ¼ fr. S. vue.
fr. S. vue 100	99 ¹⁵/₁₆ fr. esp.

Signification de la conjointe

1° Je cherche combien de francs, en espèces, j'encaisserais à Paris en y vendant du papier sur la Suisse, *à une échéance quelconque*, qui, acheté à Amsterdam, aurait coûté 100 florins, en espèces ;

2° Sachant que 47 florins, en espèces, sont dépensés à Amsterdam pour y acheter 100 francs de Suisse en papier sur la Suisse, à 3 mois d'échéance ;

3° Sachant que 100 francs de Suisse en papier sur la Suisse, à 3 mois d'échéance, ne valent pas plus que 99 1/4 francs de Suisse en papier sur la Suisse, à vue ;

4° Et que 100 francs de Suisse en papier sur la Suisse, à vue, vendus à Paris, y produisent 99 ¹⁵/₁₆ francs, en espèces.

Parité

$$\frac{99 \; \frac{1}{4} \times 99 \; {}^{13}/_{16}}{47} = 211{,}03823 \text{ francs}$$

Signification de la parité

Cette parité signifie que j'encaisserais à Paris 211,03823 francs, en espèces, en y vendant du papier sur Amsterdam dont l'achat aurait fait dépenser à Amsterdam 100 florins, en espèces.

Réponse pour le 3ᵉ moyen

Pour 100000 florins dépensés à Amsterdam on encaisserait à Paris

$$\frac{211{,}03823 \times 100000}{100} = 211038{,}23 \text{ francs.}$$

Choix de la valeur

Des trois parités que nous venons de calculer la dernière est la plus forte et par conséquent la meilleure, parce qu'elle nous ferait encaisser plus d'argent que les autres en recouvrant notre créance de 100000 florins sur Amsterdam.

En effet, elle est de 2626,69 francs (211038, 23 — 208411,54) plus forte que la 1ʳᵉ, celle du papier sur Paris, résultant de l'arbitrage du 1ᵉʳ moyen, et de 1947,32 francs (211038,23 — 209090,91) plus forte que la 2ᵉ, celle du papier sur Amsterdam, résultant de l'arbitrage du 2ᵉ moyen.

Donc, nous choisirons la 3ᵉ parité, celle du papier sur la Suisse, résultant de l'arbitrage du 3ᵉ moyen.

ARBITRAGES RELATIFS A LA 3ᵐᵉ POSITION

La troisième position participe des deux premières et a pour objet de les combiner afin d'en tirer un profit.

Celui qui spécule sur les changes, sur les matières d'or ou d'argent et sur les fonds publics, se rend créancier ou débiteur de ses correspondants dans le but de réaliser un bénéfice soit en recouvrant sa créance, soit en acquittant sa dette.

La combinaison la plus générale et la plus facile à comprendre est celle qui consiste à acheter à bon marché sur sa place des valeurs qui seront vendues dans une place étrangère et à faire employer les fonds encaissés par le correspondant en achat d'autres valeurs qui seront revendues cher dans la place du spéculateur : l'excédant de la vente sur l'achat forme le bénéfice.

Ce sont les parités qui guident le spéculateur : il achète sur sa place les valeurs qui ont fourni les parités les plus faibles et il y vend celles qui ont donné les parités les plus fortes.

Il y a trois moyens de devenir créancier et trois moyens de devenir débiteur, de même qu'il y a trois moyens de recouvrer une créance et trois moyens d'acquitter une dette.

De sorte que le spéculateur a six moyens à sa disposition.

De ces six moyens il ne peut pas en employer moins de deux dans chacune de ses opérations, par la raison que tout achat suppose une vente et toute vente un achat. — En un mot une affaire n'est consommée que lorsqu'il y a eu achat et vente.

Si le spéculateur commence une combinaison par se rendre créancier afin de gagner sur le recouvrement de sa créance, il faut qu'il dispose d'abord d'un des trois moyens de la première position et ensuite d'un des trois moyens de la seconde ; s'il commence par se rendre débiteur pour gagner sur l'acquittement de sa dette, il faut qu'il se serve d'abord d'un des trois moyens de la seconde position et ensuite d'un des trois moyens de la première.

La spéculation consiste donc, d'une part, dans les trois moyens de la première position, et, d'autre part, dans les trois moyens de la seconde, et il est bien entendu encore une fois que si l'on commence une opération par l'un des moyens de l'une de ces positions, on devra la terminer par l'un des moyens de l'autre.

Comme pour les deux premières positions, nous allons préciser les opérations de manière qu'il n'y ait rien d'abstrait dans nos raisonnements.

Nous nous supposons toujours à Paris et notre opération va se faire avec l'entremise d'un correspondant de Vienne dont le compte est supposé nivelé ; elle ne porte que sur trois valeurs, les changes directs et un change indirect, savoir : papier sur Vienne, sur Paris et sur l'Italie.

Le capital que nous voulons engager dans cette spéculation est de 100000 francs.

Extrayons d'abord des cotes de Paris et de Vienne les cours de ces trois valeurs.

7.

Cote de Paris

5 % — Vienne, 3 mois, 204 francs pour 100 florins, et 4 %.
5 % — Italie, vue, 7 $^1/_8$ % perte par 100 lire.

Cote de Vienne

3 % — Paris, 3 mois, 48,50 florins pour 100 francs.
5 % — Italie, 3 mois, 45,20 florins pour 100 lire.

Avant de commencer nos arbitrages nous croyons devoir faire remarquer qu'il nous semble inutile de donner la signification des conjointes. En effet, ces interprétations ne seraient que la répétition de celles que nous avons données pour la première et la deuxième position ; mais nous tenons à interpréter chaque parité selon sa double signification, afin de faire voir plus clairement encore le parti qu'on peut tirer de chacune d'elles.

Arbitrage du papier sur Vienne

Conjointe

fr. esp. x	100 fl. esp.
fl. esp. 99	100 fl. 3 m.
fl. 3 m. 100	204 fr. esp.

Parité

$$\frac{100 \times 204}{99} = 206,06061 \text{ francs}$$

Signification de la parité

1° Au point de vue de l'Achat à Paris

Cette parité prouve que si l'on déboursait, à Paris, 206,06061 francs pour y acheter du papier sur Vienne, l'encaissement ou la négociation de ce papier produirait à Vienne 100 florins.

2° Au point de vue de la Vente à Paris

Cette parité prouve que l'on recevrait, à Paris, 206,06061 francs en y négociant une traite sur Vienne qui ferait débourser 100 florins, à Vienne.

Arbitrage du papier sur Paris

Conjointe

fr. esp. x 100 fl. esp.
fl. esp. 48 ½   100 fr. 3 m.
fr. 3 m. 100   99 ¼ fr. esp.

Parité

$$\frac{100 \times 99 \frac{1}{4}}{48 \frac{1}{2}} = 204{,}63917 \; \text{½ francs.}$$

Signification de la parité

1° Au point de vue de l'Achat à Paris

Cette parité prouve que l'on débourserait, à Paris, 204,63917 ½ francs pour y acquitter une traite tirée de Vienne et dont la négociation aurait produit 100 florins, dans cette dernière place.

2° Au point de vue de la Vente à Paris

Cette parité prouve que l'on recevrait, à Paris, 204,63917 ½ francs en y vendant ou encaissant du papier sur Paris qui aurait coûté 100 florins, à Vienne.

Arbitrage du papier sur l'Italie

Conjointe

fr. esp. x 100 fl. esp.
fl. esp. 45,20   100 lir. 3 m.
lir. 3 m. 100   98 ¾ lir. vue
lir. vue 100   92 ⅞ fr. esp.

Parité

$$\frac{98 \frac{3}{4} \times 92 \frac{7}{8}}{45{,}20} = 202{,}90722 \; \text{francs}$$

Signification de la parité

1° Au point de vue de l'Achat à Paris

Cette parité prouve que si l'on déboursait, à Paris, 202,90722 francs pour y acheter du papier sur l'Italie, la vente de ce papier, opérée à Vienne, y produirait 100 florins.

2° Au point de vue de la Vente à Paris

Cette parité prouve que l'on recevrait, à Paris, 202,90722 francs en y négociant du papier, sur l'Italie dont l'achat, opéré à Vienne, y aurait coûté 100 florins.

Choix des deux valeurs

Des trois parités que nous venons de calculer la première est la plus forte et la dernière est la plus faible.

La première est de 206,06061
La troisième est de 202,90722
Différence .... 3,15339 francs.

Dès lors nous choisirons la parité du papier sur l'Italie comme prix d'achat, à Paris, et celle du Vienne comme prix de vente, à Paris.

Calcul du Bénéfice

La différence 3,15339 francs exprime le bénéfice que l'on réaliserait sur un capital de 202,90722 francs employé comme prix d'achat dans l'opération indiquée par les parités.

Le bénéfice sur 100 fr. serait $\frac{3,15339 \times 100}{202,90722} = 1,5541$ fr.

et sur 100000 francs, il serait de $\frac{1,5541 \times 100000}{100} = 1554,10$ fr.

Combinaison de l'opération

Le capital engagé serait de 100000 francs et l'opération consisterait :

1° à acheter à Paris pour 100000 francs de papier sur l'Italie,
2° à vendre ce papier à Vienne,
3° à tirer de Paris et à y négocier des traites sur Vienne du montant des florins produits par la vente du papier sur l'Italie,
4° et à se libérer à Vienne en acquittant les traites.

Échéances des valeurs

Le papier sur l'Italie sera à 3 mois, et le papier sur Vienne sera à vue.

Opérations simulées

1° Achat à Paris du papier sur l'Italie

Conjointe

lire 3 m. x 100000 fr. esp.
fr. esp. 92 ⅞   100 lire vue
lire vue 98 ¾   100 lire 3 m.

$x = 109034,55$ lire 3 mois

2° Vente à Vienne du papier sur l'Italie

Conjointe

fl. esp. x 109034,55 lire 3 m.
lire 3 m. 100   45,20 fl. esp.

$x = 49283,60$ florins espèces

3° Vente à Paris d'une traite sur Vienne

Conjointe

fr. esp. x 49283,60 fl. vue
fl. vue 99   100 fl. 3 m.
fl. 3 m. 100   204 fr. esp.

$x = 101554,10$ francs espèces

4° Acquittement à Vienne de la traite sur Vienne

49283,60 fl. à vue $=$ 49283,60 fl. espèces

Justification des parités

La vente à Paris ayant produit.............. 101554,10
L'achat ayant coûté .... 100000, »

La différence........ 1554,10

exprime bien le bénéfice déterminé par la comparaison des parités.

––––––––––

Cette première combinaison si simple, suivie d'une preuve si concluante, est bien faite pour intéresser à l'étude des arbitrages, d'autant plus qu'elle est comme un avant-goût des opérations que peuvent fournir les cotes chiffrées dont nous allons nous occuper.

COTES CHIFFRÉES A PARIS

Chiffrer une cote signifie calculer les parités des différentes valeurs contenues dans cette cote. Ainsi une cote chiffrée à Paris est une cote d'une place étrangère ayant en regard les cours de Paris avec les intérêts et les jouissances et présentant les parités de toutes les valeurs qui figurent à la fois sur les deux cotes.

Les cotes chiffrées sont la base, le principe essentiel et fondamental de tout arbitrage, elles constituent le principal régulateur des opérations financières.

Aussi faut-il qu'elles soient bien conçues et correctement établies

Certes ce n'est pas ce qui arrive lorsqu'on a procédé à leur confection par la voie des *nivellements* qui, loin d'égaliser quoi que ce soit, ne servent qu'à fausser les données par la confusion de l'intérêt et de l'escompte, par l'abus de l'à peu près, au mépris de la règle infaillible toujours plus rapide que la routine ou la fantaisie.

Qu'on ne vienne pas prétendre qu'il faut rejeter les cotes chiffrées à cause de leur instabilité, car elles se modifient facilement au fur à mesure que des variations se produisent dans les cours, et, s'il arrive qu'elles s'embrouillent, rien n'empêche d'y remédier en les mettant au net.

L'avantage des cotes chiffrées nous a été démontré par trente ans d'expérience.

Nous n'avons plus rien à dire sur les parités et sur la signification des conjointes, il ne nous restera plus qu'à expliquer l'usage des cotes chiffrées, lorsque nous les aurons mises en tableaux.

A cet effet, nous allons présenter les cotes chiffrées à Paris des huit places étrangères dont nous avons produit les cours avant de traiter la question des changes. Chacune d'elles sera précédée des conjointes qui auront servi à calculer les parités de toutes les valeurs arbitrées.

Ces conjointes renfermeront beaucoup de termes et de rapports qui s'annuleront et qui ne seront là que pour l'intelligence des calculs. On les supprimera à mesure que l'on se sera familiarisé avec l'interprétation des opérations que les conjointes doivent simuler.

TABLEAUX

DES

COTES DE HUIT PLACES ÉTRANGÈRES

CHIFFRÉES A PARIS

A l'Epoque du 30 Septembre 18..

PRÉCÉDÉS DES CONJOINTES

QUI ONT SERVI A CALCULER LES PARITÉS

De toutes les Valeurs arbitrées

CALCULS

DE LA COTE DE LONDRES CHIFFRÉE A PARIS

le 30 Septembre 18.

CHANGES

1°   *Papier sur Londres*

fr. esp. x 1 l. st. esp.
l. st. esp. 1   1 l. st. vue
l. st. vue 1   25, 21 ½ fr. esp.
$x = 25, 21500$

2°   *Papier sur Paris*

(COURT)

fr. esp. x 1 l. st. esp.
l. st. esp. 1   25, 22 ½ fr. vue
fr. vue 100   100 fr. esp.
$x = 25, 22500$

3°   *Papier sur Paris*

(3 MOIS)

fr. esp. x 1 l. st. esp.
l. st. esp. 1   25, 37 ½ fr. 3 m.
fr. 3 m. 100   99 ¼ fr. esp.
$x = 25, 18469$

4°   *Papier sur la Hollande*

(COURT)

fr. esp. x 1 l. st. esp.
l. st. esp. 1   12,10 fl. vue
fl. vue 99 ¼   100 fl. 3 m.
fl. 3 m. 100   207 fr. esp.
$x = 25, 23627$

5°   *Papier sur la Hollande*

(3 MOIS)

fr. esp. x 1 l. st. esp.
l. st. esp. 1   12, 175 fl. 3 m.
fl. 3 m. 100   207 fr. esp.
$x = 25, 20225$

6°   *Papier sur l'Espagne*

$$\begin{array}{ll} \text{fr. esp. } x & 1 \text{ l. st. esp.} \\ \text{l. st. esp. } 1 & 240 \text{ d. st. esp.} \\ \text{d. st. esp. } 47\,\tfrac{1}{4} & 1 \text{ p. 3 m.} \\ \text{p. 3 m. } 100 & 497 \text{ fr. esp.} \\ \multicolumn{2}{c}{x = 25, 24444} \end{array}$$

7°   *Papier sur le Portugal*

$$\begin{array}{ll} \text{fr. esp. } x & 1 \text{ l. st. esp.} \\ \text{l. st. esp. } 1 & 240 \text{ d. st. esp.} \\ \text{d. st. esp. } 51\,\tfrac{7}{8} & 1 \text{ mr. 3 m.} \\ \text{mr. 3 m. } 100 & 546 \text{ fr. esp.} \\ \multicolumn{2}{c}{x = 25, 26072} \end{array}$$

8°   *Papier sur Vienne*

$$\begin{array}{ll} \text{fr. esp. } x & 1 \text{ l. st. esp.} \\ \text{l. st. esp. } 1 & 12, 32\,\tfrac{1}{2} \text{ fl. 3 m.} \\ \text{fl. 3 m. } 100 & 204 \text{ fr. esp.} \\ \multicolumn{2}{c}{x = 25, 14300} \end{array}$$

9°   *Papier sur Pétersbourg*

$$\begin{array}{ll} \text{fr. esp. } x & 1 \text{ l. st. esp.} \\ \text{l. st. esp. } 1 & 240 \text{ d. st. esp.} \\ \text{d. st. esp. } 30\,\tfrac{7}{8} & 1 \text{ r. 3 m.} \\ \text{r. 3 m. } 100 & 324 \text{ fr. esp.} \\ \multicolumn{2}{c}{x = 25,18542\,\tfrac{1}{2}} \end{array}$$

10°   *Papier sur la Belgique*

$$\begin{array}{ll} \text{fr. esp. } x & 1 \text{ l. st. esp.} \\ \text{l. st. esp. } 1 & 25,375 \text{ fr. B. 3 m.} \\ \text{fr. B. 3 m. } 100 & 99\,\tfrac{3}{8} \text{ fr. B. vue} \\ \text{fr. B. vue } 100 & 99\,\tfrac{15}{16} \text{ fr. esp.} \\ \multicolumn{2}{c}{x = 25,20064\,\tfrac{1}{2}} \end{array}$$

11°   *Papier sur l'Italie*

$$\begin{array}{ll} \text{fr. esp. } x & 1 \text{ l. st. esp.} \\ \text{l. st. esp. } 1 & 27,35 \text{ lir. 3 m.} \\ \text{lir. 3 m. } 100 & 98\,\tfrac{3}{4} \text{ lir. vue} \\ \text{lir. vue } 100 & 92\,\tfrac{7}{8} \text{ fr. esp.} \\ \multicolumn{2}{c}{x = 25,08380} \end{array}$$

MATIÈRES D'OR ET D'ARGENT

12°   *Or en barre*

fr. esp. x	1 l. st. esp.
l. st. esp. 3.17.9	1 on. 11/12
on. 11/12 12	11 on. 12/12
on. 12/12 12	373,242 gr. 1000/1000
gr. 1000/1000 1000	3434,44 fr. év.
fr. év. 1000	1001 fr. esp.

$$x = 25,21392$$

13°   *Argent en barre*

fr. esp. x	1 l. st. esp.
l. st. esp. 1	240 d. st. esp.
d. st. esp. 52 9/16	1 on. 11,1/12
on. 11,1/12 12	11,1 on. 12/12
on. 12/12 12	373,242 gr. 1000/1000
gr. 1000/1000 1000	218,89 fr. év.
fr. év. 1000	860 fr. esp.

$$x = 24,72923$$

14°   *Monnaie française d'or*

fr. esp. x	1 l. st. esp.
l. st. esp. 3.16.2 ½	1 on. poids brut
on. poids brut 1	31,10 gr. poids brut
gr. poids brut 6,452	20 fr. esp.

$$x \; 25,30018$$

15°   *Doubles Aigles d'Amérique*

fr. esp. x	1 l. st. esp.
l. st. esp. 3.16.4 ½	1 on. poids brut
on. poids brut 1	31,10 gr. poids brut
gr. poids brut 33,436	103 fr. esp.

$$x = 25,08777 \, {}^{1}/_{2}$$

16°   *Demi-Impériales de Russie*

fr. esp. x	1 l. st. st. esp.
l. st. esp. 3.17.7 ¾	1 on. poids brut
on. poids brut 1	31,10 gr. poids brut
gr. poids brut 6,545	20,50 fr. esp.

$$x = 25,09091$$

17º *Pièces de 5 francs*

fr. esp. x 1 l. st. esp.
l. st. 1   240 d. st. esp.
d. st. esp. 47 ¼   5 fr. esp.
$$x = 25,39682 \; ^1/_2$$

FONDS D'ÉTATS

18º 3 °/₀ *Anglais consolidés*

fr. esp. x 1 l. st. esp.
l. st. esp. 97 7/8   100 l. st. cap.
l. st. cap. 100   95 ½ l. st. év.
l. st. év. 1   25,20 fr. esp. — ch. f. —
$$x = 25,10143$$

19º 3 °/₀ *Français*

fr. esp. x 1 l. st. esp.
l. st. esp. 1   25 fr. év. — ch. f. —
fr. év. 71 3/4   100 fr. cap.
fr. cap. 100   71,70 fr. esp.
$$x = 24,98258$$

20º 5 °/₀ *Français*

fr. esp. x 1 l. st. esp.
l. st. esp. 1   25 fr. év. — ch. f. —
fr. év. 105 ⅜   100 fr. cap.
fr. cap. 100   106,17 ½ fr. esp.
$$x = 25,18980$$

21º 5 °/₀ *Italien*

fr. esp. x 1 l. st. esp.
l. st. esp. 1   25 lir. év. — ch. f. —
lir. év. 73 ⅜   100 lir. cap.
lir. cap. 100   74,10 fr. esp.
$$x = 25,24702$$

22º 5 °/₀ *Autrichien, argent*

fr. esp. x 1 l. st. esp.
l. st. esp. 1   10 fl. év. — ch. f. —
fl. év. 57 ½   100 fl. cap.
fl. cap. 100   57 ½ fl. év.
fl. év. 1   2,50 fr. esp. — ch. f. —
$$x = 25,00000$$

23°   4 ½ °/₀ *Russe* 1875

$$
\begin{array}{rl}
\text{fr. esp. } x & \text{1 l. st. esp.} \\
\text{l. st. esp. } 85\,\tfrac{3}{4} & \text{100 l. st. cap.} \\
\text{l. st. cap. } 100 & 87\,\tfrac{1}{4}\text{ l. st. év.} \\
\text{l. st. év. } 1 & 25{,}20\text{ fr. esp. — ch. f. —} \\
x & = 25{,}64082
\end{array}
$$

24°   5 °/₀ *Américain*

$$
\begin{array}{rl}
\text{fr. esp. } x & \text{1 l. st. esp.} \\
\text{l. st. esp. } 1 & \text{20 sh. esp.} \\
\text{— ch. f. — sh. esp. } 4 & \text{1 dol. év.} \\
\text{dol. év. } 107\,{}^{15}/_{16} & \text{100 dol. cap.} \\
\text{dol. cap. } 100 & 108\,\tfrac{3}{4}\text{ dol. év.} \\
\text{dol. év. } 1 & \text{5 fr. esp. — ch. f. —} \\
x & = 25{,}18819
\end{array}
$$

25°   3 °/₀ *Espagnol extérieur*

$$
\begin{array}{rl}
\text{fr. esp. } x & \text{1 l. st. esp.} \\
\text{l. st. esp. } 1 & \text{240 d. st. esp.} \\
\text{— ch. f. — d. st. esp. } 51 & \text{1 p. év.} \\
\text{p. év. } 14\,\tfrac{1}{8} & \text{100 p. cap.} \\
\text{p. cap. } 100 & 14\,\tfrac{1}{4}\text{ p. év.} \\
\text{p. év. } 1 & 5{,}40\text{ fr. esp. — ch. f. —} \\
x & = 25{,}63665
\end{array}
$$

26°   5 °/₀ *Turc*

$$
\begin{array}{rl}
\text{fr. esp. } x & \text{1 l. st. esp.} \\
\text{l. st. esp. } 12\,7/16 & \text{100 l. st. cap.} \\
\text{l. st. cap. } 100 & 12\,{}^{1}/_{2}\text{ l. st. év.} \\
\text{l. st. év. } 1 & 25\text{ fr. esp. — ch. f. —} \\
x & = 25{,}72864
\end{array}
$$

27°   6 °/₀ *Péruvien*

$$
\begin{array}{rl}
\text{fr. esp. } x & \text{1 l. st. esp.} \\
\text{l. st. esp. } 18\,\tfrac{5}{8} & \text{100 l. st. cap.} \\
\text{l. st. cap. } 100 & 18\,\tfrac{3}{4}\text{ l. st. év.} \\
\text{l. st. év. } 1 & 25\text{ fr. esp. — ch. f. —} \\
x & = 25{,}16778\,{}^{1}/_{2}
\end{array}
$$

COTE DE LONDRES

Chiffrée à Paris, le 30 Septembre 18..

Numéros d'ordre	VALEURS	COTE DE LONDRES Échéances	COTE DE LONDRES Cours	COTE DE LONDRES Intérêts	COTE DE PARIS Échéances	COTE DE PARIS Cours	COTE DE PARIS Intérêts	PARITÉS
1	Londres..........................	....	....	....	vue	25,21 ½	2 %	$25,21^{500}$
2	Paris...................... court	vue	25,22 ½	3 %	....	....	....	$25,22^{500}$
3	Id. .... 3 mois	3 m.	25,37 ½	3 %	....	....	....	$25,18^{469}$
4	Hollande.............. court	vue	12 $^{2}/_{20}$	3 %	3 m.	207	4 %	$25,23^{627}$
5	Id. .... 3 mois	3 m.	12 $\frac{3\ ½}{20}$	3 %	3 m.	207	4 %	$25,20^{245}$
6	Espagne..........................	3 m.	47 ½	6 %	3 m.	497	4 %	$25,24^{444}$
7	Portugal.........................	3 m.	51 ⅞	6 %	3 m.	546	4 %	$25,26^{072}$
8	Vienne............................	3 m.	12,32 ½	5 %	3 m.	204	4 %	$25,14^{900}$
9	Pétersbourg	3 m.	30 ⅞	6 %	3 m.	324	4 %	$25,18^{512}$ ½
10	Belgique.........................	3 m.	25,37 ½	2 ½ %	vue	1/16 % p.	2 ½ %	$25,20^{064}$ ½
11	Italie..............................	3 m.	27,35	5 %	vue	7 $^{1}/_{8}$ % p.	5 %	$25,08^{380}$
12	Or en barre......................	....	76 sh. 9 d.	....	....	1 ‰ b.	....	$25,21^{392}$
13	Argent en barre..............	....	52 $^{9}/_{16}$ d.	....	....	140 ‰ p.	....	$24,72^{723}$
14	Monnaie française d'or..	....	76 sh. 2 ½ d.	....	....	20 fr.	....	$25,30^{018}$
15	Doubles Aigles d'Amér..	....	76 sh. 4 ½ d.	....	....	103	....	$25,08^{777}$ ½
16	½ Impériales de Russie.	....	77 sh. 7 ¾ d.	....	....	20,50	....	$25,09^{091}$
17	Pièces de 5 francs...	....	52 d. st.	....	....	5 fr.	....	$25,39^{062}$ ½
18	3 % anglais consolidés..	....	95 ⅞	....	....	95 ½	....	$25,10^{111}$
19	3 % français.....................	....	71 ¾	....	....	71,70	....	$24,98^{258}$
20	5 % id.	....	105 ⅜	....	....	106,17 ½	....	$25,18^{980}$
21	5 % italien......................	....	73 ⅜	....	....	74,10	....	$25,24^{702}$
22	5 % autrichien, argent.	....	57 ⅓	....	....	57 ½	....	$25,00^{000}$
23	4 ½ % russe 1875	....	85 ¾	....	....	87 ¼	....	$25,64^{062}$
24	5 % américain	....	107 $^{15}/_{16}$	....	....	108 ¾	....	$25,18^{819}$
25	3 % espagnol extérieur.	....	14 ⅛	....	....	14 ¼	....	$25,63^{665}$
26	5 % turc	....	12 $^{7}/_{16}$	....	....	12 $^{4}/_{5}$	....	$25,72^{804}$
27	6 % péruvien	....	18 ⅝	....	....	18 ¾	....	$25,16^{776}$ ½

CALCULS

DE LA COTE DE HOLLANDE CHIFFRÉE A PARIS

le 30 Septembre 18..

CHANGES

1° *Papier sur la Hollande*

fr. esp. x 100 fl. esp.
fl. esp. 99   100 fl. 3 m.
fl. 3 m. 100   207 fr. esp.
$x = 209,09091$

2° *Papier sur Paris*

COURT OU 8 JOURS

fr. esp. x 100 fl. esp.
fl. esp. 47,95   100 fr. 8 jours
fr. 8 jours 100   99 $^{14}/_{15}$ fr. esp.
$x = 208,41154$

3° *Papier sur Paris*

2 MOIS

fr. esp. x 100 fl. esp.
fl. esp. 47,50   100 fr. 2 m.
fr. 2 m. 100   99 $\frac{1}{4}$ fr. esp.
$x = 209,47368 \frac{1}{2}$

4° *Papier sur l'Allemagne*

COURT OU 8 JOURS EN HOLLANDE

fr. esp. x 100 fl. esp.
fl. esp. 58,80   100 rm. 8 jours
rm. 8 jours 99 $^4/_{45}$ 100 rm. 3 m.
rm. 3 m. 100   122 $\frac{3}{8}$ fr. esp.
$x = 210,03439 \frac{1}{2}$

5° *Papier sur l'Allemagne*

3 MOIS EN HOLLANDE

fr. esp. x 100 fl. esp.
fl. esp. 58,45   100 rm. 3 m.
rm. 3 m. 100   122 $\frac{3}{8}$ fr. esp,
$x = 209,36698$

6°.   *Papier sur l'Espagne*

$$
\begin{array}{ll}
\text{fr. esp. } x & 100 \text{ fl. esp.} \\
\text{fl. esp. } 237 & 100 \text{ p. 3 m.} \\
\text{p. 3 m. } 100 & 497 \text{ fr. esp.} \\
\multicolumn{2}{c}{x = 209,70464}
\end{array}
$$

7°   *Papier sur le Portugal*

$$
\begin{array}{ll}
\text{fr. esp. } x & 100 \text{ fl. esp.} \\
\text{fl. esp. } 259 & 100 \text{ mr. 3 m.} \\
\text{mr. 3 m. } 100 & 546 \text{ fr. esp.} \\
\multicolumn{2}{c}{x = 210,81081}
\end{array}
$$

8°   *Papier sur Vienne*

$$
\begin{array}{ll}
\text{fr. esp. } x & 100 \text{ fl. esp.} \\
\text{fl. esp. } 97 & 100 \text{ fl. aut. 3 m.} \\
\text{fl. aut. 3 m. } 100 & 204 \text{ fr. esp.} \\
\multicolumn{2}{c}{x = 210,30927}
\end{array}
$$

9°   *Papier sur Pétersbourg*

$$
\begin{array}{ll}
\text{fr. esp. } x & 100 \text{ fl. esp.} \\
\text{fl. esp. } 154,50 & 100 \text{ r. 3 m.} \\
\text{r. 3 m. } 100 & 324 \text{ fr. esp.} \\
\multicolumn{2}{c}{x = 209,70874}
\end{array}
$$

10°   *Papier sur Londres*

COURT OU 6 JOURS EN HOLLANDE

$$
\begin{array}{ll}
\text{fr. esp. } x & 100 \text{ fl. esp.} \\
\text{fl. esp. } 12,06 & 1 \text{ l. st. 6 jours} \\
\text{l. st. 6 jours } 100 & 99 \, ^{27}/_{30} \text{ l. st. vue} \\
\text{l. st. vue } 1 & 25,21 \, \tfrac{1}{2} \text{ fr. esp.} \\
\multicolumn{2}{c}{x = 209,00991}
\end{array}
$$

11°   *Papier sur Londres*

2 MOIS EN HOLLANDE

$$
\begin{array}{ll}
\text{fr. esp. } x & 100 \text{ fl. esp.} \\
\text{fl. esp. } 12,03 & 1 \text{ l. st. 2 m.} \\
\text{l. st. 2 m. } 100 & 99 \, ^{2}/_{3} \text{ l. st. vue} \\
\text{l. st. vue } 1 & 25,215 \text{ fr. esp.} \\
\multicolumn{2}{c}{x = 208,90233}
\end{array}
$$

12°   *Papier sur la Belgique*

COURT OU 6 JOURS EN HOLLANDE

$$
\begin{array}{ll}
\text{fr. esp. } x & 100 \text{ fl. esp.} \\
\text{fl. esp. } 47,70 & 100 \text{ fr. B. 6 jours} \\
\text{fr. B. 6 jours } 100 & 99 \ {}^{21}/_{24} \text{ fr. B. vue} \\
\text{fr. B. vue } 100 & 99 \ {}^{15}/_{16} \text{ fr. esp.} \\
\end{array}
$$
$$x = 209,42528$$

13°   *Papier sur la Belgique*

3 MOIS EN HOLLANDE

$$
\begin{array}{ll}
\text{fr. esp. } x & 100 \text{ fl. esp.} \\
\text{fl. esp. } 47,40 & 100 \text{ fr. B. 3 m.} \\
\text{fr. B. 3 m } 100 & 99 \ {}^{3}/_{8} \text{ fr. B. vue} \\
\text{fr. B. vue } 100 & 99 \ {}^{15}/_{16} \text{ fr. esp.} \\
\end{array}
$$
$$x = 209,52087$$

14°   *Papier sur la Suisse*

8 JOURS EN HOLLANDE

$$
\begin{array}{ll}
\text{fr. esp. } x & 100 \text{ fl. esp.} \\
\text{fl. esp. } 47,60 & 100 \text{ fr. S. 8 jours} \\
\text{fr. S. 8 jours } 100 & 99 \ {}^{14}/_{15} \text{ fr. S. vue} \\
\text{fr. S. vue } 100 & 99 \ {}^{15}/_{16} \text{ fr. esp.} \\
\end{array}
$$
$$x = 209,81276$$

15°   *Papier sur la Suisse*

3 MOIS EN HOLLANDE

$$
\begin{array}{ll}
\text{fr. esp. } x & 100 \text{ fl. esp.} \\
\text{fl. esp. } 47 & 100 \text{ fr. S. 3 m.} \\
\text{fr. S. 3 m. } 100 & 99 \ {}^{1}/_{4} \text{ fr. S. vue} \\
\text{fr. S. vue } 100 & 99 \ {}^{15}/_{16} \text{ fr. esp.} \\
\end{array}
$$
$$x = 211,03823$$

16°   *Papier sur l'Italie*

$$
\begin{array}{ll}
\text{fr. esp. } x & 100 \text{ fl. esp.} \\
\text{fl. esp. } 43,80 & 100 \text{ lir. 3 m.} \\
\text{lir. 3 m. } 100 & 98 \ {}^{3}/_{4} \text{ lir. vue} \\
\text{lir. vue } 100 & 92 \ {}^{7}/_{8} \text{ fr. esp.} \\
\end{array}
$$
$$x = 209,39283$$

9.

MATIÈRES D'OR ET D'ARGENT

17°   *Or en barre*

$$
\begin{array}{ll}
\text{fr. esp. } x & 100 \text{ fl. esp.} \\
\text{fl. esp. } 114\ \tfrac{1}{4} & 100 \text{ fl. év.} \\
\text{fl. év. } 1442{,}60 & 1 \text{ k}^\circ \text{ or fin} \\
\text{k}^\circ \text{ or fin } 1 & 3434{,}44 \text{ fr. év.} \\
\text{fr. év. } 1000 & 1001 \text{ fr. esp.} \\
x\ 208{,}58730\ \tfrac{1}{2}
\end{array}
$$

18°   *Argent en barre*

$$
\begin{array}{ll}
\text{fr. esp. } x & 100 \text{ fl. esp.} \\
\text{fl. esp. } 90 & 1 \text{ k}^\circ \text{ argent fin} \\
\text{k}^\circ \text{ argent fin } 1 & 218{,}89 \text{ fr. év.} \\
\text{fr. év. } 1000 & 860 \text{ fr. esp.} \\
x = 209{,}16155\ \tfrac{1}{2}
\end{array}
$$

FONDS D'ÉTATS

19°   2 ½ % *Hollandais*

$$
\begin{array}{ll}
\text{fr. esp. } x & 100 \text{ fl. esp.} \\
\text{fl. esp. } (62\ \tfrac{3}{4} + \tfrac{5}{8})\ 63\ \tfrac{3}{8} & 100 \text{ fl. cap.} \\
\text{fl. cap. } 100 & 63 \text{ fl. év.} \\
\text{fl. év. } 57 & 120 \text{ fr. esp.} - \text{ch. f.} - \\
x = 209{,}28060
\end{array}
$$

20°   3 % *Français*

$$
\begin{array}{ll}
\text{fr. esp. } x & 100 \text{ fl. esp.} \\
\text{fl. esp. } 1 & 2 \text{ fr. év.} - \text{ch. f.} - \\
\text{fr. év. } (68\ \tfrac{1}{2} + \tfrac{3}{4})\ 69\ \tfrac{1}{4} & 100 \text{ fr. cap.} \\
\text{fr. cap. } 100 & 71{,}70 \text{ fr. esp.} \\
x = 207{,}07581
\end{array}
$$

21°   5 % *Français*

$$
\begin{array}{ll}
\text{fr. esp. } x & 100 \text{ fl. esp.} \\
\text{fl. esp. } 1 & 2 \text{ fr. év.} - \text{ch. f.} - \\
\text{fr. év. } (101 + \tfrac{5}{8})\ 101\ \tfrac{5}{8} & 100 \text{ fr. cap.} \\
\text{fr. cap. } 100 & 106{,}17\ \tfrac{1}{4} \text{ fr. esp.} \\
x = 208{,}95449
\end{array}
$$

22°   5 % *Italien*

fr. esp. *x*   100 fl. esp.
fl. esp. 1   2 lir. év. — ch f. —
liv. év. (69 ⅝ + ⁵/₄) 70 ⅞   100 lir. cap.
lir. cap. 100   74,10 fr. esp.
x = 209,10053

23°   5 % *Autrichien argent*

fr. esp. *x*   100 fl. esp.
fl. esp. 12   10 fl. aut. év. — ch. . —
fl. aut. év. (55 ¾ + ⁵/₄) 57   100 fl. aut. cap.
fl. aut. cap. 100   57 ½ fl. aut. év.
fl. aut. év. 1   2 ½ fr. esp. — ch. f. —
x = 210,16082

24°   4 ½ % *Russe* 1875

fr. esp. *x*   100 fl. esp.
fl. esp. 12   1 l. st. év. — ch. f. —
l. st. év. (85 ¼ + 2 ¼) 87 ½   100 l. st. cap.
l. st. cap. 100   87 ¼ l. st. év.
l. st. év. 1   25,20 fr. esp. — ch. f. —
x = 209,40000

25°   5 % *Américain*

fr. esp. *x*   100 fl. esp.
fl. esp. 2 ½   1 dol. év. — ch. f. —
dol. év. (103 ¾ + ⁵/₆) 104 ⁷/₁₂   100 dol. cap.
dol. cap. 100   108 ¾ dol. év.
dol. év. 1   5 fr. esp. — ch. f. —
x = 207,96813

26°   3 % *Espagnol extérieur*

fr. esp. *x*   100 fl. esp.
fl. esp. 2 ½   1 p. év. — ch. f. —
p. év. (13 ¹³/₁₆ + ¾) 14 ⁹/₁₆   100 p. cap.
p. cap. 100   14 ¼ p. év.
p. év. 1   5,40 fr. esp. — ch. . —
x = 211,36481

27⁰   **5 % *Turc***

$$
\begin{array}{ll}
\text{fr. esp. } x & \text{100 fl. esp.} \\
\text{fl. esp. 12} & \text{1 l. st. év. — ch. f. —} \\
\text{l. st. év. } (11\,\tfrac{3}{8} + \tfrac{3}{4})\ 12\,\tfrac{5}{8} & \text{100 l. st. cap.} \\
\text{l. st. cap. 100} & 12\,\tfrac{1}{8}\ \text{l. st. év.} \\
\text{l. st. év. 1} & \text{25 fr. esp. — ch. f. —} \\
\end{array}
$$

$$x = 211{,}22112$$

28⁰   **6 % *Péruvien***

$$
\begin{array}{ll}
\text{fr. esp. } x & \text{100 fl. esp.} \\
\text{fl. esp. 12} & \text{1 l. st. év. — ch. f. —} \\
\text{l. st. év. } (17\,\tfrac{1}{8} + 1\,\tfrac{1}{2})\ 18\,\tfrac{5}{8} & \text{100 l. st. cap.} \\
\text{l. st. cap. 100} & 18\,\tfrac{3}{4}\ \text{l. st. év.} \\
\text{l. st. év. 1} & \text{25 fr. esp. — ch. f. —} \\
\end{array}
$$

$$x = 209{,}73154$$

COTE DE HOLLANDE

Chiffrée à Paris, le 30 Septembre 18 .

Numéros d'ordre	VALEURS	COTE DE HOLLANDE — Echéances et Jouissances	COTE DE HOLLANDE — COURS	COTE DE HOLLANDE — Intérêts	COTE DE PARIS — Echéances	COTE DE PARIS — COURS	COTE DE PARIS — Intérêts	PARITÉS
1	Amsterdam........	....	....	....	3 m.	207	4 %	209,09^{031}
2	Paris........ court	8 jours	47,95	3 %	....	....	....	208,41^{154}
3	Id.	2 m.	47,50	3 %	....	....	....	209,47^{308} ½
4	Allemagne........ court	8 jours	58,80	4 %	3 m.	122 ⅜	4 %	210,03^{430} ½
5	Id.	3 m.	58,45	4 %	3 m.	122 ⅜	4 %	209,36^{698}
6	Espagne........	3 m.	237	6 %	3 m.	497	4 %	209,70^{464}
7	Portugal........	3 m.	259	6 %	3 m.	546	4 %	210,81^{061}
8	Vienne........	3 m.	97	5 %	3 m.	204	4 %	210,30^{927}
9	Pétersbourg........	3 m.	154,50	6 %	3 m.	324	4 %	209,70^{874}
10	Londres........ court	6 jours	12,06	2 %	vue	25,21 ½	2 %	209,00^{991}
11	Id.	2 m.	12,03	2 %	vue	25,21 ½	2 %	208,90^{273}
12	Belgique........ court	6 jours	47,70	2 ½ %	vue	1/16 % p.	2 ½ %	209,42^{525}
13	Id.	3 m.	47,40	2 ½ %	vue	id.	2 ½ %	209,52^{057}
14	Suisse........ court	8 jours	47,60	3 %	vue	id.	3 %	209,81^{276}
15	Id.	3 m.	47	3 %	vue	id.	3 %	211,03^{723}
16	Italie........	3 m.	43,80	5 %	vue	7 ⅛ % p.	5 %	209,39^{283}
17	Or en barre........	....	14 ¼ % b.	....	....	1 ‰ b.	....	208,58^{730} ½
18	Argent en barre........	....	90	....	....	140 ‰ p.	....	209,16^{135} ½
19	2 ½ % Hollandais	1er juillet	62 ¾	....	....	63	....	209,28^{060}
20	3 % Français........	id.	68 ½	....	....	71,70	....	207,07^{551}
21	5 % id.	16 août	101	....	....	106,17 ½	....	208,95^{449}
22	5 % Italien........	1er juillet	69 ⅝	....	....	74,10	....	209,10^{053}
23	5 % Autrichien argent..	id.	55 ¾	....	....	57 1/2	....	210,16^{082}
24	4 ½ % Russe 1875........	1er avril	85 ¼	....	....	87 ¼	....	209,40^{000}
25	5 % Américain........	1er août	103 ¾	....	....	108 ¾	....	207,96^{813}
26	3 % Espagnol extérieur	1er juillet	13 15/16	....	....	14 ¼	....	211,36^{461}
27	5 % Turc........	id.	11 ⅜	....	....	12 1/8	....	211,22^{112}
28	6 % Péruvien........	id.	17 ⅛	....	....	18 ¾	....	209,73^{154}

CALCULS

DE LA COTE D'ALLEMAGNE CHIFFRÉE A PARIS

le 30 Septembre 18..

Comprenant Berlin, Hambourg et Francfort

CHANGES

1° *Papier sur l'Allemagne*

fr. esp. x 100 rm. esp.
rm. esp. 99   100 rm. 3 m.
rm. 3 m. 100   122 ⅜ fr. esp.
$$x = 123,61111$$

2° *Papier sur Paris*

COURT OU 8 JOURS

fr. esp. x 100 rm. esp.
rm. esp. 81,05   100 fr. 8 jours
fr. 8 jours 100   99 ¹⁴/₁₅ fr. esp.
$$x = 123,29837 \; ½$$

3° *Papier sur la Hollande*

COURT OU 8 JOURS

fr. esp. x 100 rm. esp.
rm. esp. 169   100 fl. 8 jours
fl. 8 jours 99 ¹⁹/₆₀   100 fl. 3 m.
fl. 3 m. 100   207 fr. esp.
$$x = 123,32795$$

4° *Papier sur la Hollande*

2 MOIS

fr. esp. x 100 rm. esp.
rm. esp. 168,35   100 fl. 2 m.
fl. 2 m. 99 ¾   100 fl. 3 m.
fl. 3 m. 100   207 fr. esp.
$$x = 123,26629$$

5°

Papier sur Vienne

COURT OU 8 JOURS

fr. esp. x 100 rm. esp.
rm. esp. 165 ½   100 fl. 8 jours
fl. 8 jours 98 $^{31}/_{36}$ 100 fl. 3 m.
fl. 3 m. 100   204 fr. esp.

$$x = 124,68284$$

6°

Papier sur Vienne

2 MOIS

fr. esp. x 100 rm. esp.
rm. esp. 164,10   100 fl. 2 m.
fl. 2 m. 99 $^{7}/_{12}$ 100 fl. 3 m.
fl. 3 m. 100   204 fr. esp.

$$x = 124,83459$$

7°

Papier sur Pétersbourg

COURT OU ¾ MOIS

fr. esp. x 100 rm. esp.
rm. esp. 265,90   100 r. ¾ m.
r. ¾ m. 98 ⅞   100 r. 3 m.
r. 3 m. 100   324 fr. esp.

$$x = 123,23673$$

8°

Papier sur Pétersbourg

3 MOIS

fr. esp. x 100 rm. esp.
rm. esp. 262,10   100 r. 3 m.
r. 3 m. 100   324 fr. esp.

$$x = 123,61694$$

9°

Papier sur Londres

COURT OU 8 JOURS

fr. esp. x 100 rm. esp.
rm. esp. 20,43   1 l. st. 8 jours
l. st. 8 jours 100   99 $^{43}/_{48}$ l. st. vu
l. st. vue 1   25,215 fr. esp.

$$x = 123,36658 \tfrac{1}{2}$$

10°   *Papier sur Londres*

3 MOIS

fr. esp. x 100 rm. esp.
rm. esp. 20,37   1 l. st. 3 m.
l. st. 3 m. 100   99 ½ l. st. vue
l. st. vue 1   25,215 fr. esp.
$$x = 123,16605$$

11°   *Papier sur la Belgique*

COURT OU **8** JOURS

fr. esp. x 100 rm. esp.
rm. esp. 80,90   100 fr. B. 8 jours
fr. B. 8 jours 100   99 $^{17}/_{16}$ fr. B. vue
fr. B. vue 100   99 $^{13}/_{16}$ fr. esp.
$$x = 123,46351$$

12°   *Papier sur la Belgique*

2 MOIS

fr. esp. x 100 rm. esp.
rm. esp. 80,60   100 fr. B. 2 m.
fr. B. 2 m. 100   99 $^{7}/_{12}$ fr. B. vue
fr. B. vue 100   99 $^{13}/_{16}$ fr. esp.
$$x = 123,47530$$

MATIÈRES D'OR ET D'ARGENT

13°   *Or en barre*

fr. esp. x 100 rm. esp.
rm. esp. 1392   500 gr. 1000/1000
gr. 1000/1000 1000   3434,44 fr. év.
fr. év. 1000   1001 fr. esp.
$$x = 123,48687$$

14°   *Argent en barre*

fr. esp. x 100 rm. esp.
rm. esp. 78   500 gr. 1000/1000
gr. 1000/1000 1000   218,89 fr. év.
fr. év. 1000   860 fr. esp.
$$x = 120,67013$$

15° **Pièces de 20 francs**

A LA PIÈCE

fr. esp. x 100 rm. esp.
rm. esp. 16,17   1 pièce
pièce 1   20 fr. esp.
$x = 122,92563$

16° **Pièces de 20 francs**

AU POIDS BRUT

fr. esp. x 100 rm. esp.
rm. esp. 1251,408   500 gr. poids brut
gr. poids brut 6,450   20 fr. esp.
$x = 123,89146$

17° **Ducats de Hollande**

A LA PIÈCE

fr. esp. x 100 rm. esp.
rm. esp. 9,75   1 pièce
pièce 1   11,70 fr. esp.
$x = 120,00000$

18° **Souverains anglais**

A LA PIÈCE

fr. esp. x 100 rm. esp.
rm. esp. 20,36   1 pièce
pièce 1   25,17 fr. esp.
$x = 123,62475$

19° **Aigles d'Amérique**

A LA PIÈCE

fr. esp. x 100 rm. esp.
rm. esp. 20,91   5 dollars
dollars 20   103 fr. esp.
$x = 123,14682$

20° *Impériales de Russie*

A LA PIÈCE

$$
\begin{array}{ll}
\text{fr. esp. } x & 100 \text{ rm. esp.} \\
\text{rm. esp. } 16,69 & 1 \text{ pièce} \\
\text{pièce } 1 & 20,50 \text{ fr. esp.} \\
\end{array}
$$
$$x = 122,82804$$

21° *Impériales de Russie*

AU POIDS DE FIN

$$
\begin{array}{ll}
\text{fr. esp. } x & 100 \text{ rm. esp.} \\
\text{rm. esp. } 1395 & 500 \text{ gr. } 1000/1000 \\
\text{gr. } 1000/1000 \ 1000 & 3437,8744 \ (3434,44 + 1\,^{o}/_{oo}) \text{ fr. esp.} \\
\end{array}
$$
$$x = 122,22131$$

FONDS D'ÉTATS

22° 5 % *Français*

AVEC FRANCFORT

$$
\begin{array}{ll}
\text{fr. esp. } x & 100 \text{ rm. esp.} \\
\text{rm. esp. } 80 & 100 \text{ fr. év. — ch. f. —} \\
\text{fr. év. } (106\ \tfrac{1}{2} + \tfrac{5}{8})\ 107\ \tfrac{1}{8} & 100 \text{ fr. cap.} \\
\text{fr. cap. } 100 & 106,17\ \tfrac{1}{2} \text{ fr. esp.} \\
\end{array}
$$
$$x = 123,89148$$

23° 5 % *Italien*

AVEC BERLIN

$$
\begin{array}{ll}
\text{fr. esp. } x & 100 \text{ rm. esp.} \\
\text{rm. esp. } 80 & 100 \text{ lir. év. — ch. f. —} \\
\text{lir. év. } (73,30 + 1,25)\ 74,55 & 100 \text{ lir. cap.} \\
\text{lir. cap. } 100 & 74,10 \text{ fr. esp.} \\
\end{array}
$$
$$x = 124,24547$$

24° 5 % *Autrichien argent*

AVEC FRANCFORT

$$
\begin{array}{ll}
\text{fr. esp. } x & 100 \text{ rm. esp.} \\
\text{rm. esp. } 2 & 1 \text{ fl. év. — ch. f. —} \\
\text{fl. ev. } (57\ \tfrac{5}{8} + 1,05)\ 58,675 & 100 \text{ fl. cap.} \\
\text{fl. cap. } 100 & 57\ \tfrac{1}{2} \text{ fl. év.} \\
\text{fl. év. } 1 & 2\ \tfrac{1}{2} \text{ fr. esp. — ch. f. —} \\
\end{array}
$$
$$x = 122,49680$$

25°   **5 % Américain**

AVEC BERLIN

$$\begin{array}{ll}
\text{fr. esp. } x & 100 \text{ rm. esp.} \\
\text{rm. esp. 4,25} & 1 \text{ dol. év.} - \text{ch. f.} - \\
\text{dol. év. } (102,70 + {}^{5}/_{6}) \; 103 \; {}^{5}/_{13} & 100 \text{ dol. cap.} \\
\text{dol. cap. 100} & 108 \; {}^{3}/_{4} \text{ dol. év.} \\
\text{dol. év. 1} & 5 \text{ fr. esp.} - \text{ch. f.} - \\
x = 123,57486
\end{array}$$

26°   **3 % Espagnole extérieur**

AVEC FRANCFORT

$$\begin{array}{ll}
\text{fr. esp. } x & 100 \text{ rm. esp.} \\
\text{rm. esp. 4,25} & 1 \text{ p. év.} - \text{ch. f.} - \\
\text{p. év. } (13\,{}^{3}/_{4} + {}^{3}/_{4}) \; 14 \; {}^{1}/_{2} & 100 \text{ p. cap.} \\
\text{p. cap. 100} & 14 \; {}^{1}/_{4} \text{ p. év.} \\
\text{p. év. 1} & 5,40 \text{ fr. esp.} - \text{ch. f.} - \\
x = 124,86815
\end{array}$$

27°   **5 % Turc**

AVEC HAMBOURG

$$\begin{array}{ll}
\text{fr. esp. } x & 100 \text{ rm. esp.} \\
\text{rm. esp. 21} & 1 \text{ l. st. év.} - \text{ch. f.} - \\
\text{l. st. év. } (11\,{}^{1}/_{4} + {}^{5}/_{4}) \; 12 \; {}^{1}/_{2} & 100 \text{ l. st. cap.} \\
\text{l. st. cap. 100} & 12 \; {}^{4}/_{5} \text{ l. st. év.} \\
\text{l. st. év. 1} & 25 \text{ fr. esp.} - \text{ch. f.} - \\
x = 121,90476
\end{array}$$

COTE D'ALLEMAGNE

Chiffrée à **Paris**, le 30 Septembre 18..

COMPRENANT BERLIN, HAMBOURG ET FRANCFORT

Numéros d'ordre	VALEURS	COTE D'ALLEMAGNE			COTE DE PARIS			PARITÉS
		Échéances et Jouissances	COURS	Intérêts	Échéances	COURS	Intérêts	
1	Allemagne	....	....	....	3 m.	122 ⅜	4 °/₀	123,61^{111}
2	Paris........................court	8 jours	81,05	3 %	....	....	....	123,29^{837} ½
3	Amsterdam. ....court	8 jours	169	3 %	3 m.	207	4 °/₀	123,32^{795}
4	Id.	2 mois	168,35	3 %	3 m.	207	4 °/₀	123,26^{629}
5	Vienne....................court	8 jours	165,50	5 %	3 m.	204	4 °/₀	124,68^{264}
6	Id.	2 mois	164,10	5 %	3 m.	204	4 °/₀	124,83^{459}
7	Pétersbourg...........court	3 sem.	265,90	6 %	3 m.	324	4 °/₀	123,23^{073}
8	Id.	3 mois	262,10	6 %	3 m.	324	4 °/₀	123,61^{694}
9	Londres.. ....court	8 jours	20,43	2 %	vue	25,21 ½	2 °/₀	123,36^{658} ½
10	Id.	3 mois	20,37	2 %	vue	id.	2 °/₀	123,16^{065}
11	Belgique................court	8 jours	80,90	2 ½ %	vue	1/16 °/₀ p.	2 ½ °/₀	123,46^{351}
12	Id.	2 mois	80,60	2 ½ %	vue	id.	2 ½ °/₀	123,47^{536}
13	Or en barre..........................	....	1392	....	....	1 °/₀₀ b.	....	123,48^{657}
14	Argent en barre............	....	78	....	....	140 °/₀₀ p.	....	120,67^{013}
15	Pièces de 20 fr., *à la pièce*	....	16,27	....	....	20	....	122,92^{563}
16	Id. id. *au poids brut*	....	1251,408	....	....	20	....	123,89^{149}
17	Ducats de Hol.. *à la pièce*	....	9,75	....	....	11,70	....	120,00^{000}
18	Souver. anglais *id.*	....	20,36	....	....	25,17	....	123,62^{475}
19	Aigles d'Amér. *id.*	....	20,91	....	....	103	....	123,14^{652}
20	Impér. de Russie id.	....	16,69	....	....	20,50	....	122,82^{804}
21	Id. id. *poids de fin*	....	1395	... .	....	1 °/₀₀ b.	....	122,22^{151}
22	5 % Français (Francfort)	16 août	106 ½	....	....	106,17 ½	....	123,89^{145}
23	5 % Italien (Berlin)	1er juillet	73,30	....	....	74,10	....	124,24^{547}
24	5 % Autr. ar. (Francfort)	id.	57 ⅝	....	....	57 ½	....	122,49^{680}
25	5 % Américain (Berlin)	1er août	102,70	... .	....	108 ¾	....	123,57^{486}
26	3 % Esp. ext. (Francfort)	1er juillet	13 ¾	....	....	14 ¼	.. ..	124,86^{825}
27	5 % Turc (Hambourg)..	id.	11 ¼	....	....	12 ⁴/₅	....	121,90^{476}

CALCULS

DE LA COTE DE VIENNE CHIFFRÉE A PARIS

le 30 Septembre 18..

CHANGES

1° *Papier sur Vienne*

fr. esp. x 100 fl. esp.
fl. esp. 99   100 fl. 3 m.
fl. 3 m. 100   204 fr. esp.
$x = 206,06061$

2ª *Papier sur Paris*

fr. esp. x 100 fl. esp.
fl. esp. 48 ½   100 fr. 3 m.
fr. 3 m. 100   99 ¼ fr. esp.
$x = 204,63917$ ½

3° *Papier sur la Hollande*

fr. esp. x 100 fl. esp.
fl. esp. 101   100 fl. P. B. 3 m.
fl. P. B. 3 m. 100   207 fr. esp.
$x = 204,95049$ ½

4° *Papier sur l'Allemagne*

fr. esp. x 100 fl. esp.
fl. esp. 59,60   100 rm. 3 m.
rm. 3 m. 100   122 ⅜ fr. esp.
$x = 205,32718$

5° *Papier sur Londres*

fr. esp. x 100 fl. esp.
fl. esp. 122,50   10 l. st. 3 m.
l. st. 3 m. 100   99 ½ l. st. vue
l. st. vue 1   25,21 ½ fr. esp.
$x = 204,80755$

6° *Papier sur la Suisse*

$$
\begin{array}{ll}
\text{fr. esp. } x & \text{100 fl. esp.} \\
\text{fl. esp. 47,75} & \text{100 fr. S. 3 m.} \\
\text{fr. S. 3 m. 100} & \text{99. } \tfrac{1}{4} \text{ fr. S. vue} \\
\text{fr. S. vue 100} & \text{99 } {}^{15}/_{16} \text{ fr. esp.} \\
\end{array}
$$

$$x = 207{,}72349 \tfrac{1}{2}$$

7° *Papier sur l'Italie*

$$
\begin{array}{ll}
\text{fr. esp. } x & \text{100 fl. esp.} \\
\text{fl. esp. 45,20} & \text{100 lir. 3 m.} \\
\text{lir. 3 m. 100} & \text{98 } \tfrac{3}{4} \text{ lir. vue} \\
\text{lir. vue 100} & \text{92 } \tfrac{7}{8} \text{ fr. esp.} \\
\end{array}
$$

$$x = 202{,}90722$$

MATIÈRES D'OR ET D'ARGENT

8° *Argent en barre*

$$
\begin{array}{ll}
\text{fr. esp. } x & \text{100 fl. esp.} \\
\text{fl. esp. 102,40} & \text{100 fl. arg.} \\
\text{fl. arg. 45} & \text{500 gr. 1000/1000} \\
\text{gr. 1000/1000 1000} & \text{218,89 fr. év.} \\
\text{fr. év. 1000} & \text{860 fr. esp.} \\
\end{array}
$$

$$x = 204{,}25933$$

9° *Pièces de 20 francs*

$$
\begin{array}{ll}
\text{fr. esp. } x & \text{100 fl. esp.} \\
\text{fl. esp. 9,78} & \text{1 pièce} \\
\text{pièce 1} & \text{20 fr. esp.} \\
\end{array}
$$

$$x = 206{,}18557$$

10° *Souverains anglais*

$$
\begin{array}{ll}
\text{fr. esp. } x & \text{100 fl. esp.} \\
\text{fl. esp. 12,15} & \text{1 pièce} \\
\text{pièce 1} & \text{25,17 fr. esp.} \\
\end{array}
$$

$$x = 207{,}16049$$

FONDS D'ÉTAT

11° *5 0/0 Autrichien argent*

$$
\begin{array}{ll}
\text{fr. esp. } x & \text{100 fl. esp.} \\
\text{fl. esp. (68,80 } +1{,}05) \; 69{,}85 & \text{100 fl. cap.} \\
\text{fl. cap. 100} & \text{57 } \tfrac{1}{2} \text{ fl. év.} \\
\text{fl. év. 1} & \text{2 } \tfrac{1}{2} \text{ fr. esp. — ch. f. —} \\
\end{array}
$$

$$x = 205{,}79814$$

COTE DE VIENNE

Chiffrée à Paris, le 30 Septembre 18..

Numéros d'ordre	VALEURS	COTE DE VIENNE			COTE DE PARIS			PARITÉS
		Echéances et Jouissances	COURS	Intérêts	Echéances	COURS	Intérêts	
1	Vienne	.....	.....	.....	3 m.	204	4 %	$206{,}66^{061}$
2	Paris	3 m.	48,50	3 %	.....	.....	.....	$204{,}63^{917}\,1/2$
3	Hollande	3 m.	101	3 %	3 m.	207	4 %	$204{,}95^{049}\,1/2$
4	Allemagne	3 m.	59,60	4 %	3 m.	122 ⅜	4 %	$205{,}32^{716}$
5	Londres	3 m.	122,50	2 %	vue	25,21 1/2	2 %	$204{,}80^{755}$
6	Suisse	3 m.	47,75	3 %	vue	1/16 %/o p.	3 %	$207{,}72^{349}\,1/2$
7	Italie	3 m.	45,20	5 %	vue	7 1/x %/o p.	5 %	$202{,}90^{722}$
8	Argent en barre	.....	102,40	.....	.....	140 %/oo p.	.....	$204{,}25^{933}$
9	Pièces de 20 francs	.....	9,78	.....	.....	20	.....	$206{,}18^{557}$
10	Souverains anglais	.....	12,15	.....	.....	25,17	.....	$207{,}16^{049}$
11	5 % autrichien argent	1er juillet	68,80	.....	.....	57 1/2	.....	$205{,}79^{914}$

CALCULS

DE LA COTE DE St-PÉTERSBOURG CHIFFRÉE A PARIS

le 30 Septembre 18..

CHANGES

1°   *Papier sur Pétersbourg*

$$
\begin{aligned}
&\text{fr. esp. } x \quad 100 \text{ r. esp.} \\
&\text{r. esp. } 99 \quad 100 \text{ r. 3 m.} \\
&\text{r. 3 m. } 100 \quad 324 \text{ fr. esp.} \\
&\quad x = 327,27273
\end{aligned}
$$

2°   *Papier sur Paris*

$$
\begin{aligned}
&\text{fr. esp. } x \quad 100 \text{ r. esp.} \\
&\text{r. esp. } 100 \quad 333 \tfrac{1}{2} \text{ fr. 3 m.} \\
&\text{fr. 3 m. } 100 \quad 99 \tfrac{1}{4} \text{ fr. esp.} \\
&\quad x = 330,99875
\end{aligned}
$$

3°   *Papier sur la Hollande*

$$
\begin{aligned}
&\text{fr. esp. } x \quad 100 \text{ r. esp.} \\
&\text{r. esp. } 100 \quad 160 \text{ fl. 3 m} \\
&\text{fl. 3 m. } 100 \quad 207 \text{ fr. esp.} \\
&\quad x = 331,20000
\end{aligned}
$$

4°   *Papier sur l'Allemagne*

$$
\begin{aligned}
&\text{fr. esp. } x \quad 100 \text{ r. esp.} \\
&\text{r. esp. } 100 \quad 270 \tfrac{1}{2} \text{ rm. 3 m.} \\
&\text{rm. 3 m. } 100 \quad 122 \tfrac{3}{8} \text{ fr. esp.} \\
&\quad x = 331,02437 \tfrac{1}{2}
\end{aligned}
$$

5°   *Papier sur Vienne*

$$
\begin{aligned}
&\text{fr. esp. } x \quad 100 \text{ r. esp.} \\
&\text{r. esp. } 100 \quad 163 \text{ fl. 3 m.} \\
&\text{fl. 3 m. } 100 \quad 204 \text{ fr. esp.} \\
&\quad x = 332,52000
\end{aligned}
$$

6° *Papier sur Londres*

$$\begin{array}{ll}
\text{fr. esp. } x & 100 \text{ r. esp.} \\
\text{r. esp. } 1 & 31\ ^{19}/_{32}\ \text{d. st. 3 m.} \\
\text{d. st. 3 m. } 100 & 99\ \frac{1}{3}\ \text{d. st. vue} \\
\text{d. st. vue } 240 & 1\ \text{l. st. vue} \\
\text{l. st. vue } 1 & 25{,}215\ \text{fr. esp.} \\
x = 330{,}27218
\end{array}$$

7° *Papier sur la Belgique*

$$\begin{array}{ll}
\text{fr. esp. } x & 100 \text{ r. esp.} \\
\text{r. esp. } 100 & 334\ \text{fr. B. 3 m.} \\
\text{fr. B. 3 m. } 100 & 99\ \frac{3}{8}\ \text{fr. B. vue} \\
\text{fr. B. vue } 100 & 99\ ^{15}/_{16}\ \text{fr. esp.} \\
x = 331{,}70505\frac{1}{2}
\end{array}$$

MATIÈRES D'OR ET D'ARGENT

8° *1/2 Impériales de Russie*

A LA PIÈCE

$$\begin{array}{ll}
\text{fr. esp. } x & 100 \text{ r. esp.} \\
\text{r. esp. } 6{,}25 & 1\ \text{pièce} \\
\text{pièce } 1 & 20{,}50\ \text{fr. esp.} \\
x = 328{,}00000
\end{array}$$

9° *1/2 Impériales de Russie*

AU POIDS

$$\begin{array}{ll}
\text{fr. esp. } x & 100 \text{ r. esp.} \\
\text{r. esp. } 6{,}25 & 1\ \text{pièce} \\
\text{pièce } 1 & 6{,}545\ \text{gr. } 916{,}66/1000 \\
\text{gr. } 916{,}66/1000\ 1000 & 916{,}66\ \text{gr. } 1000/1000 \\
\text{gr. } 1000/1000\ 1000 & 3434{,}44\ \text{fr. év.} \\
\text{fr. év. } 1000 & 1001\ \text{fr. esp.} \\
x = 330{,}01063
\end{array}$$

10

COTE DE ST-PÉTERSBOURG

Chiffrée à Paris, le 30 Septembre 18..

Numéros d'ordre	VALEURS	COTE DE PÉTERSBOURG			COTE DE PARIS			PARITÉS
		Echéances	COURS	Intérêts	Echéances	COURS	Intérêts	
1	Pétersbourg.................	....	....	....	3 m.	324	4 %	327,27^{273}
2	Paris............................	3 m.	333 ½	3 %	....	....	....	330,99^{875}
3	Hollande......................	3 m.	160	3 %	3 m.	207	4 %	331,20^{000}
4	Allemagne....................	3 m.	270 ½	4 %	3 m.	122 ¾	4 %	331,02^{437} ½
5	Vienne.........................	3 m.	163	5 %	3 m.	204	4 %	332,52^{000}
6	Londres........................	3 m.	31 $^{19}/_{32}$	2 %	vue	25,215	2 %	330,27^{218}
7	Belgique.......................	3 m.	334	2 ½ %	vue	1/16 %.p.	2 ½ %	331,70^{505} ½
8	½ Impériales, à la pièce	....	6,25	....	....	20,50	....	328,00^{000}
9	Id. au poids..	....	6,25	....	....	1 ‰ b.	....	330,01^{003}

CALCULS

DE LA COTE DE LA BELGIQUE CHIFFRÉE A PARIS

le 30 Septembre 18..

CHANGES

1°   *Papier sur la Belgique*

$$
\begin{array}{ll}
\text{fr. esp. } x & 100 \text{ fr. B. esp.} \\
\text{fr. B. esp. } 100 & 100 \text{ fr. B. vue} \\
\text{fr. B. vue } 100 & 99\ {}^{15}/_{16} \text{ fr. esp.} \\
\end{array}
$$
$$x = 99{,}93750$$

2°   *Papier sur Paris*

$$
\begin{array}{ll}
\text{fr. esp. } x & 100 \text{ fr. B. esp.} \\
\text{fr. B. esp. } 100{,}05 & 100 \text{ fr. vue} \\
\text{fr. vue } 100 & 100 \text{ fr. esp.} \\
\end{array}
$$
$$x = 99{,}95002$$

3°   *Papier sur la Hollande*

$$
\begin{array}{ll}
\text{fr. esp. } x & 100 \text{ fr. B. esp.} \\
\text{fr. B. esp. } 208{,}90 & 100 \text{ fl. vue} \\
\text{fl. vue } 99\ {}^{1}/_{4} & 100 \text{ fl. 3 m.} \\
\text{fl. 3 m. } 100 & 207 \text{ fr. esp.} \\
\end{array}
$$
$$x = 99{,}83927$$

4°   *Papier sur l'Allemagne*

$$
\begin{array}{ll}
\text{fr. esp. } x & 100 \text{ fr. B. esp.} \\
\text{fr. B. esp. } 123{,}35 & 100 \text{ rm. vue} \\
\text{rm. vue } 99 & 100 \text{ rm. 3 m.} \\
\text{rm. 3 m. } 100 & 122\ {}^{3}/_{8} \text{ fr. esp.} \\
\end{array}
$$
$$x = 100{,}21168$$

5°   *Papier sur Vienne*

$$
\begin{array}{ll}
\text{fr. esp. } x & 100 \text{ fr. B. esp.} \\
\text{fr. B. esp. } 207 & 100 \text{ fl. } {}^{1}/_{2} \text{ m.} \\
\text{fl. } {}^{1}/_{2} \text{ m. } 98\ {}^{23}/_{24} & 100 \text{ fl. 3 m.} \\
\text{fl. 3 m. } 100 & 204 \text{ fr. esp.} \\
\end{array}
$$
$$x = 99{,}58810$$

6°   *Papier sur Londres*

$$
\begin{array}{ll}
\text{fr. esp. } x & \text{100 fr. B. esp.} \\
\text{fr. B. esp. 25,21} & \text{1 l. st. vue} \\
\text{l. st. vue 1} & \text{25,21 ½ fr. esp.} \\
\multicolumn{2}{c}{x = 100,01983}
\end{array}
$$

FONDS D'ÉTATS

7°   *5 % Autrichien argent*

AVEC BRUXELLES

$$
\begin{array}{ll}
\text{fr. esp. } x & \text{100 fr. B. esp.} \\
\text{fr. B. esp. 2,50} & \text{1 fl. év. —ch. f.—} \\
\text{fl. év. (56 + 1 ¼) 57 ¼} & \text{100 fl. cap.} \\
\text{fl. cap. 100} & \text{57 ½ fl. év.} \\
\text{fl. év. 1} & \text{2,50 fr. esp. —ch. f.—} \\
\multicolumn{2}{c}{x = 100,43668}
\end{array}
$$

8°   *4 ½ % Russe 1875*

AVEC ANVERS

$$
\begin{array}{ll}
\text{fr. esp. } x & \text{100 fr. B. esp.} \\
\text{fr. B. esp. 25,40} & \text{1 l. st. év.— ch. f. —} \\
\text{l. st. év. (86 ¼ + 2 ¼) 88 ½} & \text{100 l. st. cap.} \\
\text{l. st. cap. 100} & \text{87 ¼ l. st. év.} \\
\text{l. st. év. 1} & \text{25,20 fr. esp. — ch. f. —} \\
\multicolumn{2}{c}{x = 97,81129}
\end{array}
$$

9°   *5 % Américain*

AVEC BRUXELLES

$$
\begin{array}{ll}
\text{fr. esp. } x & \text{100 fr. B. esp.} \\
\text{fr. B. esp. 5,40} & \text{1 dol. év. — ch. f. —} \\
\text{dol. év. (102 + ⁵/₈) 102 ⁵/₈} & \text{100 dol. cap.} \\
\text{dol. cap. 100} & \text{108 ¾ dol. év.} \\
\text{dol. év. 1} & \text{5 fr. esp. — ch. f. —} \\
\multicolumn{2}{c}{x = 97,92004}
\end{array}
$$

10°   3 % *Espagnol extérieur*

```
      fr. esp. x     100 fr. B. esp.
fr. B. esp. 5,40     1 p. év. — ch. f.—
   p. év. 13 ½       100 p. cap.
   p. cap. 100       14 ¼ p. év.
      p. év. 1       5,40 fr. esp. — ch. f. —
      x = 105,55555 ½
```

11°   5 % *Turc*

```
       fr. esp. x     100 fr. B. esp.
 fr. B. esp. 25        1 l. st. év. — ch. f. —
 l. st. év. 11 ¾       100 l. st. cap.
 l. st. cap. 100       12 ⁵/₈ l. st. év.
    l. st. év. 1       25 fr. esp. = ch. f. —
    x = 108,93617
```

COTE DE BELGIQUE

Chiffrée à Paris, le 30 Septembre 18..

COMPRENANT BRUXELLES ET ANVERS

Numéros d'ordre	VALEURS	COTE DE BELGIQUE			COTE DE PARIS			PARITÉS
		Echéances et Jouissances	COURS	Intérêts	Echéances	COURS	Intérêts	
1	Belgique.....................	....	....	....	vue	1/16 %,p.	2 ½ %,	99,93⁷⁵⁰
2	Paris........................	vue	100,05	3 %	....	....	....	99,95⁰⁰²
3	Hollande....................	vue	208,90	3 %	3 m.	207	4 %	99,83⁰²⁷
4	Allemagne	vue	123,35	4 %	3 m.	122 ⅜	4 %	100,21¹⁰⁵
5	Vienne......................	½ m.	207	5 %	3 m.	204	4 %	99,58⁸¹⁰
6	Londres............	vue	25,21	2 %	vue	25,21 ½	2 %	100,01⁹⁶³
7	5 % autrich. arg. Bruxelles	1ᵉʳ juillet	56	....	....	57 ½	....	100,43⁰⁰⁸
8	4 ½ % russe 1875, Anvers	1ᵉʳ avril	86 ¼	....	....	87 ¼	....	97,81¹²⁰
9	5 % américain, Bruxelles	1ᵉʳ août	102	....	....	108 ¾	....	97,92⁰⁰⁴
10	3 % espagnol ext. id.	....	13 ½	....	....	14 ¼	....	105,55⁵⁵⁵ ½
11	5 % turc, id.	....	11 ¾	....	....	12 ⁴/₅	....	108,93⁰¹⁷

CALCULS

DE LA COTE DE LA SUISSE CHIFFRÉE A PARIS

le 30 Septembre 18..

CHANGES

1°   *Papier sur la Suisse*

fr. esp. x 100 fr. S. esp.
fr. S. esp. 100   100 fr. S. vue
fr. S. vue 100   99 $^{15}/_{16}$ fr. esp.
$x = 99,93750$

2°   *Papier sur Paris*

COURT OU 15 JOURS

fr. esp. x 100 fr. S. esp.
fr. S. esp. 100 $\frac{1}{8}$ 100 fr. 15 jours
fr. 15 jours 100   99 $\frac{7}{8}$ fr. esp.
$x = 99,75031$

3°   *Papier sur Paris*

LONG OU 3 MOIS

fr. esp. x 100 fr. S. esp.
fr. S. esp. 100 $\frac{1}{4}$ 100 fr. 3 m.
fr. 3 m. 100   99 $\frac{1}{4}$ fr. esp.
$x = 99,00249$

4°   *Papier sur la Hollande*

fr. esp. x 100 fr. S. esp.
fr. S. esp. 209   100 fl. 3 m.
fl. 3 m. 100   207 fr. esp.
$x = 99,04306$

5°   *Papier sur l'Allemagne*

fr. esp. x 100 fr. S. esp.
fr. S. esp. 123 $\frac{1}{4}$ 100 rm. 3 m.
rm. 3 m. 100   122 $\frac{3}{8}$ fr. esp.
$x = 99,29006$

6° *Papier sur Vienne*

fr. esp. x 100 fr. S. esp.
fr. S. esp. 206 ½   100 fl. 3 m.
fl. 3 m. 100   204 fr. esp.
$$x = 98,78935$$

7° *Papier sur Londres*

fr. esp. x 100 fr. S. esp.
fr. S. esp. 25,20   1 l. st. 3 m.
l. st. 3 m. 100   99 ½ l. st. vue
l. st. vue 1   25,21 ½ fr. esp.
$$x = 99,55923$$

MATIÈRES D'OR ET D'ARGENT

8° *Pièces de 20 francs*

fr. esp. x 100 fr. S. esp.
fr. S. esp. 1001 ½   1000 fr. S. év.
fr. S. év. 20   1 pièce
pièce 1   20 fr. esp.
$$x = 99,85022$$

COTE DE SUISSE

Chiffrée à Paris, le 30 Septembre 18..

COMPRENANT BALE ET ZURICH

Numéros d'ordre	VALEURS	COTE DE SUISSE			COTE DE PARIS			PARITÉS
		Echéances	COURS	Intérêts	Echéances	COURS	Intérêts	
1	Suisse...............................	....	....	....	vue	1/16 %p.	3 °/₀	99,93⁷³⁰
2	Paris.......................court	15 jours	100 ⅛	3 %	....	....	....	99,75⁰³¹
3	Id. .... 2 ou 3 mois	3 m.	100 ¼	3 %	....	....	....	99,00²⁴⁹
4	Hollande.... id.	3 m.	209	3 %	3 m.	207	4 %	99,04³⁰⁸
5	Allemagne. id.	3 m.	123 ¼	4 %	3 m.	122 ⅜	4 %	99,29⁰⁰⁶
6	Vienne........ id.	3 m.	206 ½	5 %	3 m.	204	4 %	98,78⁰³⁵
7	Londres...... id.	3 m.	25,20	2 %	vue	25,21 ¹/₂	2 %	99,55⁰²³
8	Pièces de 20 francs........	....	1 ½ %₀ b.	....	......	20	....	99,85⁰²²

CALCULS

DE LA COTE D'ITALIE CHIFFRÉE A PARIS

le 30 Septembre 18..

CHANGES

1°   *Papier sur l'Italie*

fr. esp. x 100 lir. esp.
lir. esp. 100   100 lir. vue
lir. vue 100   92 ⅞ fr. esp.
$x = 92,87500$

2°   *Papier sur Paris*

fr. esp. x 100 lir. esp.
lir. esp. 106,75   100 fr. 3 m.
fr. 3 m. 100   99 ¼ fr. esp.
$x = 92,97424$

3°   *Papier sur Londres*

fr. esp. x 100 lir. esp.
lir. esp. 27,05   1 l. st. 3 m.
l. st. 3 m. 100   99 ½ l. st. vue
l. st. vue 1   25,21 ¼ fr. esp.
$x = 92,75018$

MATIÈRES D'OR ET D'ARGENT

4°   *Pièces de 20 francs*

fr. esp. x 100 lir. esp.
lir. esp. 21,54   1 pièce
pièce 1   20 fr. esp.
$x = 92,85051$

FONDS D'ÉTAT

5°   5 % *Italien*

fr. esp. x 100 lir. esp.
lir. esp. 79,22 ⅓   100 lir. cap.
lir. cap. 100   74,10 lir. év.
lir. év. 1   1 fr. esp.
$x = 93,53108$

COTE D'ITALIE

Chiffrée à Paris, le 30 Septembre 18..

COMPRENANT ROME ET FLORENCE

Numéros d'ordre	VALEURS	COTE D'ITALIE			COTE DE PARIS			PARITÉS
		Échéances	COURS	Intérêts	Échéances	COURS	Intérêts	
1	Italie				vue	7 1/8 °/₀ p.	5 °/₀	92,87⁵⁰⁰
2	Paris	3 m.	106,75	3 %				92,97⁴²¹
3	Londres	3 m.	27,05	2 °/₀	vue	25,21 1/2	2 °/₀	92,75⁰¹ᵇ
4	Pièces de 20 francs		21,54			20		92,85⁰⁵¹
5	5 % italien		79,22 1/2			74,10		93,53¹⁰ᵇ

USAGE DES COTES CHIFFRÉES

Tout négociant ou financier qui possède des cotes chiffrées bien établies et bien entretenues est toujours prêt et toujours à l'aise pour combiner avec l'étranger une opération sur les changes, sur les matières d'or et d'argent, ou sur les fonds publics. Qu'il s'agisse d'acquitter des dettes, de fournir une provision pour des achats, de recouvrer des créances ou de spéculer, il aura sous les yeux des parités qui le guideront sûrement dans ses opérations.

Quant au choix des bonnes valeurs, c'est l'affaire de celui qui les achète et nous n'avons pas la prétention de le diriger à ce sujet : toute notre préoccupation se borne à vulgariser l'emploi des cotes chiffrées et à faire bien comprendre tout le parti qu'on en peut tirer.

Encore une fois nous le répéterons, afin qu'on ne l'oublie pas : pour le moment, nous laisserons de côté les frais de timbre, de commission, de courtage, de timbres-poste, de transport, de fret, d'assurance, etc., malgré toute l'influence qu'ils peuvent avoir sur les parités, en ce qu'ils augmentent les prix d'achat et diminuent les prix de vente, quelquefois dans une importante proportion. Aussi leur réservons-nous un chapitre spécial à la fin de cet ouvrage.

Déjà en expliquant les trois positions qui peuvent donner lieu aux arbitrages, nous avons indiqué sur une petite échelle, comment on choisit parmi les plus faibles parités les valeurs destinées à acquitter une dette ou à former un prix d'achat dans la spéculation, et parmi les plus fortes celles qui doivent être employées à former un prix de vente dans le recouvrement d'une créance ou dans la spéculation.

A présent nous nous proposons de consulter toutes les parités de chacune des huit cotes étrangères que nous venons de chiffrer, à Paris, et d'en extraire les meilleures pour les combinaisons que nous aurons en vue.

Comme d'habitude, nous allons élucider la question de l'usage des cotes chiffrées au moyen de problèmes.

La comparaison des déboursements de la 1re position avec les encaissements de la 2me sera appréciée par un tant pour cent, et la solution des problèmes de la 3e position nous fournira les moyens de justifier l'exactitude de nos parités.

La plupart des problèmes que nous allons présenter pourraient être facilment et victorieusement critiqués, si nous avions en vue autre chose que des exercices d'arbitrages et des démonstrations mathématiques. On blâmerait à bon titre la préférence que nous donnerons à certaines valeurs douteuses ; on nous reprocherait avec raison d'acheter, avec une quantité d'argent déterminée, des fonds d'États qui ne se négocient que par lots déterminés. Nous savons cela et d'autres choses encore, mais ces considérations ne nous arrêtent point : la seule question qui nous préoccupe en ce moment, c'est le mécanisme. Pour le reste, nous comptons sur la sagacité des hommes de finance, qui ne verront dans ce livre que le véritable objet de nos leçons, sans chercher à y découvrir ce qui ne s'apprend que par l'expérience des affaires.

Les opérations résultant de la comparaison des parités des cotes chiffrées se divisent en opérations simples et en opérations complexes.

Elles sont simples lorsqu'elles se font avec une seule place étrangère ; elles deviennent complexes si, après avoir été commencées avec une place étrangère, elles se continuent avec une ou plusieurs autres.

OPÉRATIONS SIMPLES

1er *Problème* — 1re *Position*

Un banquier de Paris a contracté les dettes ci-dessous *en monnaie étrangère* dans les huit places qui suivent :

4000 livres sterling, à Londres ;
50000 florins des Pays-Bas, à Amsterdam ;
80000 reichsmarks, à Francfort ;
50000 florins au pied de 45, à Vienne ;
33000 roubles argent, à St-Pétersbourg ;
100000 francs de Belgique, à Bruxelles ;
100000 francs de Suisse, à Zurich ;
100000 lire, à Florence.

On demande :

1° Quelle est la valeur qu'il choisira dans chacune des huit cotes chiffrées ?

2° Quelle est la somme, en francs, qu'il dépensera pour acquitter chacune de ces dettes ?

11

Solution du 1ᵉʳ problème

Choix des valeurs

En supposant que les valeurs qui présentent les plus faibles parités existent dans la place de Paris et soient jugées bonnes, le banquier de Paris n'hésitera pas à choisir celles qui suivent pour les acheter à Paris et les faire vendre à l'étranger :

Pour Londres, l'argent en barre .... parité 24,72923
— Amsterdam, le 5 °/₀ Américain..........(1)   id.   207,96813
— Francfort, les ducats de Hollande........   id.   120,00000
— Vienne, le papier sur l'Italie..................   id.   202,90722
— Sᵗ-Pétersbourg, le papier sur cette place id.   327,27273
— Bruxelles, le 5 °/₀ Américain.................   id.   97,92004
— Zurich, le papier sur Vienne.................   id.   98,78935
— Florence, le papier sur Londres...........   id.   92,75018

Sommes dépensées pour acquitter les dettes contractées

à Londres.................... $\dfrac{24{,}72923 \times 4000}{1}$ $=$ 98916,92

à Amsterdam.............. $\dfrac{207{,}96813 \times 50000}{100}$ $=$ 103984,06

à Francfort................. $\dfrac{120 \times 80000}{100}$ $=$ 96000, »

à Vienne.................... $\dfrac{202{,}90722 \times 50000}{100}$ $=$ 101453,61

à Saint-Pétersbourg..... $\dfrac{327{,}27273 \times 33000}{100}$ $=$ 108000, »

à Bruxelles................. $\dfrac{97{,}92004 \times 100000}{100}$ $=$ 97920,04

à Zurich..................... $\dfrac{98{,}78935 \times 100000}{100}$ $=$ 98789,35

à Florence.................. $\dfrac{92{,}75018 \times 100000}{100}$ $=$ 92750,18

Ensemble.......... 797814,16

---

(1) La parité la plus faible, dans la cote d'Amsterdam chiffrée à Paris, est bien celle du 3 % français; mais on ne peut pas la choisir, parce qu'il est de règle de ne pas envoyer de France des fonds d'Etat français ou des remises françaises pour être négociés à l'étranger.

2ᵉ Problème — 2ᵉ Position

Un banquier de Paris est créancier *en monnaie étrangère* des sommes ci-dessous, dans les huit places qui suivent :

4000 livres sterling, à Londres ;

50000 florins des Pays-Bas, à Amsterdam ;

80000 reichmarks, à Francfort ;

50000 florins au pied de 45, à Vienne ;

33000 roubles argent, à St-Pétersbourg ;

100000 francs de Belgique, à Bruxelles ;

100000 francs de Suisse, à Zurich ;

100000 lire, à Florence.

On demande :

1° Quelle est la valeur qu'il choisira dans chacune des huit cotes chiffrées ?

2° Quelle est la somme en francs qu'il encaissera en recouvrant chacune de ces créances ?

Solution du 2ᵉ Problème

Choix des valeurs

En supposant que les valeurs qui présentent les plus fortes parités sur les cotes de l'étranger chiffrées à Paris existent dans les places étrangères et soient jugées bonnes, le débiteur à l'étranger consentira volontiers à dépenser le montant de sa dette en achat des valeurs ci-dessous dont la vente, opérée à Paris, servira à acquitter sa dette.

Pour Londres, le 5 % Turc .... parité   25,72864

— Amsterdam, le 3 % Espagnol extér.   id.   211,36481

— Francfort, le 3 % Espagnol extér. ....   id.   124,86815

— Vienne, le papier sur la Suisse........   id.   207,72349 ½

— St-Pétersbourg, le papier sur Vienne   id.   332,52000

— Bruxelles, le 5 % Turc ....   id.   108,93617

— Zurich, le papier sur la Suisse..........   id.   99,93750

— Florence, le 5 % Italien ....   id.   93,53108

Sommes encaissées en recouvrant les créances

Sur Londres............ $\dfrac{25{,}72864 \times 4000}{1}$ = 102914,56

— Amsterdam.......... $\dfrac{211{,}36481 \times 50000}{100}$ = 105682,40

— Francfort............ $\dfrac{124{,}86815 \times 80000}{100}$ = 99894,52

— Vienne................ $\dfrac{207{,}723495 \times 50000}{100}$ = 103861,75

Reporté 412353,23

$$\text{Report.....................} \qquad 412353,23$$

Sur Saint-Pétersbourg $\dfrac{332,52 \times 33000}{100} = 109731,60$

— Bruxelles.............. $\dfrac{108,93617 \times 100000}{100} = 108936,17$

— Zurich................. $\dfrac{99,9375 \times 100000}{100} = 99937,50$

— Florence.............. $\dfrac{93,53108 \times 100000}{100} = 93531,08$

$$\text{Ensemble.................} \qquad 824489,58$$

Comparaison des Déboursements et des Encaissements

Encaissements de la 2me position...............	824489,58
Déboursements de la 1re position	797814,16
Différence...............	26675,42

Appréciation de l'excédant des Encaissements sur les Déboursements

Cette différence peut être appréciée en tant pour cent au moyen de l'opération ci-dessous :

$$\frac{26675,42 \times 100}{797814,16} = 3,34 \, \%$$

Le résultat prouve qu'il y a eu économie de 3,34 % sur la dépense faite en acquittant les dettes et avantage du même percentage sur la recette opérée en recouvrant les créances.

3e Problème — 3e Position

Ce troisième problème participera des deux premiers.

Il s'agira cette fois d'une spéculation faite par un banquier de Paris, *à l'époque du 30 septembre*, avec les *huit* places cambistes dont nous avons les cotes chiffrées et en se servant des *seize* valeurs employées dans la 1re et dans la 2e position.

Nous supposerons donc que tous les comptes du banquier avec ses huit correspondants sont nivelés, et qu'il fera avec chacun d'eux une double opération qui consistera à acheter, à Paris, toutes les valeurs choisies pour acquitter des dettes et à y vendre toutes celles qui ont été employées pour recouvrer des créances.

Comme notre spéculateur n'a ni dette ni créance *en monnaie étrangère*, il est libre de déterminer *en monnaie française* le chiffre du capital qu'il veut engager dans sa spéculation.

Le capital engagé sera supposé de 800000 francs, c'est-à-dire de 100000 francs pour chacune des opérations partielles que nous allons prendre une à une, afin de pouvoir raisonner chacune d'elles séparément.

1° *Opération avec Londres*

L'opération consiste à acheter à Paris de l'argent en barre, qui sera vendu à Londres, et à faire employer à Londres les livres sterling encaissées en achat de 5 0/0 Turc, qui sera vendu à Paris.

La parité du 5 0/0 Turc étant de ... 25,72864

Et celle de l'argent en barre de ... 24,72923

La différence exprimant le bénéfice à réaliser sur 24,72923 francs ou sur 1 livre sterling sera de.. 0,99941

Détermination du bénéfice sur 100000 francs

$$\text{fr. bén. } x \qquad 100000 \text{ fr. cap.}$$
$$\text{fr. cap. } 24,72923 \qquad 0,99941 \text{ fr. bén.}$$

$$x = 4041,41$$

Opérations simulées

1°   *Achat, à Paris, d'argent en barre*

$$\text{k}^{\text{os}} \text{arg. } 1000/1000 \; x \qquad 100000 \text{ fr. esp.}$$
$$\text{fr. esp. } 860 \qquad 1000 \text{ fr. év.}$$
$$\text{fr. év. } 218,89 \qquad 1 \text{ k}^\text{o} \; 1000/1000$$

$$x = 531,221 \; \tfrac{1}{2}$$

2°   *Vente, à Londres, de l'argent en barre*

$$\text{l. st. esp. } x \qquad 531221,5 \text{ gr. } 1000/1000$$
$$\text{gr. } 1000/1000 \; 373,242 \qquad 12 \text{ on. } {}^{12}/_{12}$$
$$\text{on. } {}^{12}/_{12} \; 11,1 \qquad 12 \text{ on. } 11,1/12$$
$$\text{on. } 11,1/12 \; 1 \qquad 52 \, {}^{4}/_{16} \text{ d. st. esp.}$$
$$\text{d. st. esp. } 240 \qquad 1 \text{ l. st. esp.}$$

$$x = 4043.16$$

3°   *Achat, à Londres, de 5 % Turc*

l. st. cap. x 4043.16 l. st. esp.
l. st. esp. 12 $^{7}/_{16}$ 100 l. st. cap.

$$x = 32513$$

4°   *Vente, à Paris, du 5 % Turc*

fr. esp. x 32513 l. st. cap. 5 % Turc
l. st. cap. 100   12 $^{1}/_{8}$ l. st. év.
l. st. év. 1   25 fr. esp. — ch. f. —

$$x = 104041,60$$

Justification des parités

La vente étant de............   104041,60
Et l'achat de.................. .....   100000,»

Le bénéfice..........   4041,60 francs est le même, à 19 centimes près, que celui qui avait été déterminé d'après les parités.

2° Opération avec Amsterdam

L'opération consiste à acheter à Paris du 5 0/0 Américain, qui sera vendu à Amsterdam, et à faire employer à Amsterdam les florins encaissés en achat de 3 0/0 Espagnol extérieur, qui sera vendu à Paris.

La parité du 3 0/0 Espagnol extérieur étant de   211,36481
Et celle du 5 0/0 Américain de.................   207,96813

La différence exprimant le bénéfice à réaliser
sur 207,96813 francs ou sur 100 florins sera de   3,39668

Détermination du bénéfice sur 100000 francs

fr. bén. x 100000 fr. cap.
fr. cap. 207,96813   3,39668 fr. bén.

$$x = 1633,25$$

Opérations simulées

1°   *Achat, à Paris, de 5 % Américain*

dol. cap. x 100000 fr. esp.
fr. esp. 5   1 dol. év. — ch. f. —
dol. év. 108 ¾   100 dol. cap.

$$x = 18390,80$$

2º *Vente, à Amsterdam, du 5 % Américain*

fl. esp. x 18390,80 dol. cap.
dol. cap. 100   104 $^7/_{12}$ (103 ¾ + $^5/_6$) dol. év.
dol. év. 1   2 ½ fl. esp. — ch. f. —

$$x = 48084,30$$

3º *Achat, à Amsterdam, de 3 % Espagnol extérieur*

p. cap. x 48084,30 fl. esp.
fl. esp. 2 ½   1 p. év. — ch. f. —
p. év. (13 $^{12}/_{16}$ + ¾) 14 $^9/_{16}$ 100 p. cap.

$$x = 13207,70$$

4º *Vente, à Paris, du 3 % Espagnol extérieur*

fr. esp. x 13207,70 p. cap.
p. cap. 100   14 ¼ p. év.
p. év. 1   5,40 fr. esp. — ch. f. —

$$x = 101633,25$$

Justification des parités

La vente étant de...   101633,25
Et l'achat de............   100000, »

Le bénéfice........   1633,25 francs est exactement
le même que celui qui avait été déterminé d'après les parités.

3º Opération avec Francfort

L'opération consiste à acheter à Paris des ducats de Hollande, qui seront vendus à Francfort, et à faire employer à Francfort les reichsmarks encaissés en achat de 3 0/0 Espagnol extérieur, qui sera vendu à Paris.

La parité du 3 0/0 Espagnol ext. étant de   124,86815
Et celle des ducats de Hollande de............   120, »

La différence exprimant le bénéfice à réaliser
sur 120 francs ou sur 100 reichsmarks sera de....   4,86815

Détermination du bénéfice sur 100000 francs

fr. bén. x 100000 fr. cap.
fr. cap. 120   4,86815 fr. bén.

$$x = 4056,79$$

Opérations simulées

1° *Achat, à Paris, de Ducats de Hollande*

ducats x 100000 fr. esp.
fr. esp. 11,70   1 ducat

$$x = 8547$$

2° *Vente, à Francfort, des Ducats de Hollande*

rm. esp. x 8547 ducats
ducat 1   9,75 rm. esp.

$$x = 83333,25$$

3° *Achat, à Francfort, de 3 % Espagnol extérieur*

p. cap. x 83333,25 rm. esp.
rm. esp. 4,25   1 p. év.
p. év. (13 ¾ + ¾) 14 ½   100 p. cap.

$$x = 1352,26 \ ½$$

4° *Vente, à Paris, du 3 % Espagnol extérieur*

fr. esp. x 1352,26 ½ p. cap.
p. cap. 100   14 ¼ p. év.
p. év. 1   5,40 fr. esp. — ch. f. —

$$x = 104056,79$$

Justification des parités

La vente étant de.............. 104056,79
Et l'achat de............ .... 100000,»

Le bénéfice............ 4056,79 francs est exactement le même que celui qui avait été déterminé d'après les parités.

4° Opération avec Vienne

L'opération consiste à acheter à Paris du papier sur l'Italie, qui sera vendu à Vienne, et à faire employer à Vienne les florins encaissés en achat de papier sur la Suisse, qui sera vendu à Paris.

On supposera que le papier sur l'Italie a trois mois à courir et que le papier sur la Suisse est à vue.

La parité du papier sur la Suisse étant de   207,723495

Et celle du papier sur l'Italie de...............   202,90722

    La différence exprimant le bénéfice à réaliser sur 202,90722 francs ou sur 100 florins

sera de   4,816275

Détermination du bénéfice sur 100000 francs

fr. bén. x 100000 fr. cap.
fr. cap. 202,90722   4,816275 fr. bén.

$$x = 2373,65$$

Opérations simulées

1°   *Achat, à Paris, de papier sur l'Italie*

à 3 mois

lir. 3 m. x 100000 fr. esp.
fr. esp. 92 ⅞   100 lir. vue
lir. vue 98 ¾   100 lir. 3 m.

$$x = 109034,55$$

2°   *Vente, à Vienne, du papier sur l'Italie*

à 3 mois

fl. esp. x 109034,55 lir. 3 m.
lir. 3 m. 100   45,20 fl. esp.

$$x = 49283,60$$

3°   *Achat, à Vienne, de papier sur la Suisse*

à vue

fr. S. vue x 49283,60 fl. esp.
fl. esp. 47,75   100 fr. S. 3 m.
fr. S. 3 m. 100   99 ¼ fr. S. vue

$$x = 102437,65$$

4°   *Vente, à Paris, du papier sur la Suisse*

à vue

fr. esp. x 102437,65 fr. S. vue
fr. S. vue 100   99 ¹⁵/₁₆ fr. esp.

$$x = 102373,65$$

11.

Justification des parités

La vente étant de..................... 102373,65
Et l'achat de...................... ..   100000, »

Le bénéfice ....   2373,65 francs est
exactement le même que celui qui avait été déterminé d'après
les parités.

5° *Opération avec Saint-Pétersbourg*

L'opération consiste à acheter à Paris du papier sur
Pétersbourg, qui sera vendu à Pétersbourg, c'est-à-dire négocié
ou encaissé, et à faire employer à Pétersbourg les roubles reçus
en achat de papier sur Vienne, qui sera vendu à Paris.

On supposera que le papier sur Pétersbourg est à vue et que
le papier sur Vienne a trois mois à courir.

La parité du papier sur Vienne étant de...... 332,52000
Et celle du papier sur Pétersbourg de......... 327,27273
La différence exprimant le bénéfice à réaliser

sur 327,27273 francs ou sur 100 roubles sera de   5,24727

Détermination du bénéfice sur 100000 francs

fr. bén. x 100000 fr. cap.
fr. cap. 327,27273   5,24727 fr. bén.

$$x = 1603,35$$

Opérations simulées

1°   *Achat, à Paris, de papier sur Pétersbourg*

à vue

r. vue x 100000 fr. esp.
fr. esp. 324   100 r. 3 m.
r. 3 m. 100   99 r. vue

$$x = 30555,55$$

2° *Encaissement, à Pétersbourg, du papier sur Pétersbourg*

à vue

r. esp. x 30555,55 r. vue
r. vue 100   100 r. esp.

$$x = 30555,55$$

3°   *Achat, à Pétersbourg, de papier sur Vienne*

à 3 mois

fl. 3 m. x 30555,55 r. esp.
r. esp. 100   163 fl. 3 m.

$$x = 49805,55$$

4°   *Vente, à Paris, du papier sur Vienne*

à 3 mois

fr. esp. x 49805,55 fl. 3 m.
fl. 3 m. 100   204 fr. esp.

$$x = 101603,35$$

Justification des parités

La vente étant de.......   101603,35
Et l'achat de...............   100000, »

Le bénéfice.....   1603,35 francs est exactement le même que celui qui avait été déterminé d'après les parités.

INCONVÉNIENT DU TAUX COMPENSATEUR 4 0/0

L'opération qui précède nous fournit l'occasion d'expliquer clairement le désavantage du taux compensateur de 4 0/0 fâcheusement adopté à Paris.

Pour faire réussir la justification des parités du Pétersbourg et du Vienne nous avons un peu usé de supercherie : nous avons choisi les échéances qui ont servi au calcul de la cote chiffrée. Sans cette précaution, il y aurait eu une différence considérable dans le résultat.

Si, par exemple, nous avions acheté à Paris du Pétersbourg à échéance, il aurait fallu le faire négocier à Saint-Pétersbourg. Nous l'aurions acheté à 4 0/0 et il aurait été vendu à 6 0/0, le taux de la place, en sorte qu'il n'aurait pas produit 30555,55 roubles.

En effet, supposons l'échéance de 3 mois et faisons les calculs.

1° *Achat du Pétersbourg à Paris*

r. 3 m. x 100000 fr. esp.
fr. esp. 324   100 r. 3 m.

$$x = 30864,20$$

2° *Vente du Pétersbourg à Saint-Pétersbourg*

r. esp. x 30864,20 r. 3 m.
r. 3 m. 100   98 ½ r. esp.

$$x = 30401,22$$

Si de.............. 30555,55
On ôte........... 30401,22

Le reste...... 154,33 sera le 1/2 0/0 de 30864,20, c'est-à-dire la différence d'intérêt de 3 mois entre 4 et 6 0/0.

Inversement le Vienne aurait été acheté à 5 0/0 à Saint-Pétersbourg et vendu à 4 0/0 à Paris, si nous l'avions choisi à vue ou à courte échéance.

Telles sont les graves difficultés causées par le taux compensateur de 4 0/0, qui ne compense rien et embrouille les arbitrages.

6° *Opération avec Bruxelles*

L'opération consiste à acheter à Paris du 5 0/0 Américain, qui sera vendu à Bruxelles, et à faire employer à Bruxelles les francs de Belgique encaissés en achat de 5 0/0 Turc, qui sera vendu à Paris.

La parité du 5 0/0 Turc étant de...... 108,93617
Et celle du 5 0/0 Américain de........ 97,92004

La différence exprimant le bénéfice à réaliser sur 97,92004 francs ou sur 100 francs de Belgique sera de........................... 11,01613

Détermination du bénéfice sur 100000 francs

fr. bén. x 100000 fr. cap.
fr. cap. 97,92004   11,01613 fr. bén.

$$x = 11250,10$$

Opérations simulées

1º   *Achat, à Paris, de 5 0/0 Américain*

$$
\begin{array}{ll}
\text{dol. cap. } x & \text{100000 fr. esp.} \\
\text{fr. esp. 5} & \text{1 dol. év. — ch. f. —} \\
\text{dol. év. 108 ¾} & \text{100 dol. cap.}
\end{array}
$$

$$x = 18390,80$$

2º   *Vente, à Bruxelles, du 5 0/0 Américain*

$$
\begin{array}{ll}
\text{fr. B. esp. } x & \text{18390,80 dol. cap.} \\
\text{dol. cap. 100} & \text{102 }^5/_6\text{ (102 + }^5/_6\text{) dol. év.} \\
\text{dol. év. 1} & \text{5,40 fr. B. esp. — ch. f. —}
\end{array}
$$

$$x = 102124,10$$

3º   *Achat, à Bruxelles, de 5 0/0 Turc*

$$
\begin{array}{ll}
\text{l. st. cap. } x & \text{102124,10 fr. B. esp.} \\
\text{fr. B. esp. 25} & \text{1 l. st. év. — ch. f. —} \\
\text{l. st. év. 11 ¾} & \text{100 l. st. cap.}
\end{array}
$$

$$x = 34765,65$$

4º   *Vente, à Paris, du 5 0/0 Turc*

$$
\begin{array}{ll}
\text{fr. esp. } x & \text{34765,65 l. st. cap.} \\
\text{l. st. cap. 100} & \text{12 }^4/_6\text{ l. st. év.} \\
\text{l. st. év. 1} & \text{25 fr. esp. — ch. f. —}
\end{array}
$$

$$x = 111250,10$$

Justification des parités

La vente étant de............   111250,10
Et l'achat de.......................   100000, »

Le bénéfice ....   11250,10 francs est exactement le même que celui qui avait été déterminé d'après les parités.

7º *Opération avec Zurich*

L'opération consiste à acheter à Paris du Papier sur Vienne, qui sera vendu à Zurich, et à faire employer à Zurich les francs de Suisse à acquitter une traite fournie en remboursement, qui sera vendue à Paris.

Le papier de chacune des deux places sera supposé à vue.

La parité du papier sur Zurich étant de...... 99,93750

Et celle du papier sur Vienne de............... 98,78935

La différence exprimant le bénéfice à réaliser
sur 98,78935 francs ou sur 100 francs de Suisse

sera de 1,14815

Détermination du bénéfice sur 100000 francs

$$fr.\ bén.\ x \qquad 100000\ fr.\ cap.$$
$$fr.\ cap.\ 98,78935 \qquad 1,14815\ fr.\ bén.$$
$$x = 1162,20$$

Opérations simulées

1° *Achat, à Paris, de papier sur Vienne*

à vue

$$fl.\ vue\ x \qquad 100000\ fr.\ esp.$$
$$fr.\ esp.\ 204 \qquad 100\ fl.\ 3\ m.$$
$$fl.\ 3\ m.\ 100 \qquad 98\ ¾\ fl.\ vue$$
$$x = 48406,85$$

2° *Vente, à Zurich, du papier sur Vienne*

à vue

$$fr.\ S.\ esp.\ x \qquad 48406,85\ fl.\ vue$$
$$fl.\ vue\ 98\ ¾ \qquad 100\ fl.\ 3\ m.$$
$$fl.\ 3\ m.\ 100 \qquad 206\ \ fr.\ S.\ esp.$$
$$x = 101225,45$$

3° *Vente, à Paris d'une traite sur Zurich*

à vue

$$fr.\ ees.\ x \qquad 101225,45\ fr.\ S.\ vue$$
$$fr.\ S.\ vue\ 100 \qquad 99\ ^{15}/_{16}\ fr.\ esp.$$
$$x = 101162,20$$

4° *Acquittement, à Zurich, de la traite sur Zurich*

à vue

$$fr.\ S.\ esp.\ x \qquad 101225,45\ fr.\ S.\ vue$$
$$fr.\ S.\ vue\ 100 \qquad 100\ fr.\ S.\ esp.$$
$$x = 101225,45$$

Justification des parités

La vente étant de................................ 101162,20
Et l'achat de...................................... 100000, »

Le bénéfice........................ 1162,20 francs est exactement le même que celui qui avait été déterminé d'après les parités.

8° *Opération avec Florence*

L'opération consiste à acheter à Paris du papier sur Londres, qui sera vendu à Florence, et à faire employer les lire encaissées en achat de 5 0/0 Italien, qui sera vendu à Paris.

Quoique les usages s'opposent à ce qu'on envoie d'Italie des fonds d'Etat italiens à l'étranger pour y être négociés, nous simulerons néanmoins l'opération, parce que la cote d'Italie n'en renferme pas d'autre.

Le papier sur Londres sera supposé à 6 semaines.

La parité du 5 0/0 Italien étant de............ 93,53108
Et celle du papier sur Londres de 92,75018

La différence exprimant le bénéfice à réaliser sur 92,75018 francs ou sur 100 lire sera de 0,7809

Détermination du bénéfice sur 100000 francs

fr. b. x 100000 fr. cap.
fr. cap. 92,75018   0,7809 fr. b.
$$x = 841,95$$

Opérations simulées

1° *Achat, à Paris, de papier sur Londres*

à 6 semaines

l. st. 6 sem. x 100000 fr. esp.
fr. esp. 25,215   1 l. st. vue
l. st. vue 99 ¾   100 l. st. 6 sem.
$$x = 3975\ 17$$

2º   *Vente, à Florence, du papier sur Londres*

à 6 semaines

lir. esp. x 3975,85 l. st. 6 sem.
l. st. 6 sem. 99 ¾   100 l. st. 3 m.
l. st. 3 m. 1   27,05 lir. esp.

$$x = 107816,30$$

3º   *Achat, à Florence, de 5 % Italien*

lir. cap. x 107816,30 lir. esp.
lir. esp. 79,225   100 lir. cap.

$$x = 136088,75$$

4º   *Vente, à Paris, du 5 % Italien*

fr. esp. x 136088,75 lir. cap.
lir. cap. 100   74,10 fr. esp.

$$x = 100841,75$$

Justification des parités

La vente étant de........   100841,75
Et l'achat de........................ ....   100000, »

Le bénéfice................. ....   841,75 francs

est, à vingt centimes près, le même que celui qui avait été déterminé d'après les parités.

Si l'on avait intérêt à éviter ces petites différences, on y arriverait facilement en poussant à 7 ou 8 chiffres les décimales des parités.

Dans la pratique on se contente au contraire de deux ou trois décimales et l'on ne s'arrête pas à un écart de 40 ou 50 francs sur une opération de 100000 francs.

OPÉRATIONS COMPLEXES

Les opérations simples deviennent complexes, avons-nous dit, lorsqu'elles se continuent avec une ou plusieurs places étrangères.

Pour qu'une opération résultant de l'emploi des cotes chiffrées s'étende à plusieurs places, il faut que la valeur choisie comme prix de vente dans une place puisse être employée comme prix d'achat dans une autre, et c'est ce qui arrive assez fréquemment.

Les opérations que nous venons de faire avec St-Pétersbourg et avec Zurich nous en offrent un exemple.

Dans la cote chiffrée de St-Pétersbourg nous avons trouvé les parités ci-dessous :

Pétersbourg 327,27273
Vienne 332,52000

Et dans celle de Zurich :

Vienne 98,78935
Zurich 99,93750

On voit que le Vienne, qui sert de prix de vente pour Saint-Pétersbourg, peut devenir prix d'achat pour Zurich et donner lieu à l'opération complexe qui suit :

1° Acheter du Pétersbourg, à Paris ;
2° Vendre ce Pétersbourg, à Saint-Pétersbourg ;
3° Acheter du Vienne, à Saint-Pétersbourg ;
4° Vendre ce Vienne, à Zurich ;
5° Vendre une traite sur Zurich, à Paris ;
6° Acquitter cette traite, à Zurich.

Cette opération complexe remplacera les deux opérations simples que nous avons faites séparément et qui consistaient en huit opérations partielles, savoir :

1° Achat, à Paris, de papier sur Pétersbourg ;
2° Vente du Pétersbourg, à Saint-Pétersbourg ;
3° Achat, à Saint-Pétersbourg, de papier sur Vienne ;
4° Vente du Vienne, à Paris ;
5° Achat, à Paris, de papier sur Vienne ;
6° Vente du Vienne, à Zurich ;
7° Vente, à Paris, d'une traite sur Zurich ;
8° Acquittement de la traite, à Zurich.

Or, si l'opération commencée avec Saint-Pétersbourg se continue avec Zurich, vendre à Paris le Vienne pour une somme de 101603,35 et le racheter ensuite pour le même prix est une opération parfaitement inutile : la supprimer n'empêchera pas le bénéfice de se produire.

Par conséquent, le bénéfice de la 1re opération se réalisera comme si le Vienne avait été vendu et, de plus, il grossira le capital de la 2e opération, qui sera de 100000 francs et 1603,35 francs, le premier bénéfice.

En sorte que le premier bénéfice

étant $\dfrac{100000 \times 5,24727}{327,27273} =$ 1603,35

Le deuxième sera $\dfrac{101603,35 \times 1,14815}{98,78935} =$ 1180,85

Les deux bénéfices réunis formeront un total de   2784,20
Au lieu de   2765,55

Différence.....................   18,65

Cette différence provient de l'augmentation du capital de la 2e opération.

En effet $\dfrac{1603,35 \times 1,14815}{98,78935} = 18,65$

En simulant les opérations partielles on aura la preuve de l'exactitude de nos raisonnements.

Opérations simulées

1°   *Achat, à Paris, de papier sur Pétersbourg*

à vue

     r. vue x 100000 fr. esp.
   fr. esp. 324   100 r. 3 m.
   r. 3 m. 100   99 r. vue

$x = 30555,55$

2°   *Vente ou encaissement, à St-Pétersbourg, du Pétersbourg*

à vue

     r. esp. x 30555,55 r. vue
     r. vue 100   100 r. esp.

$x = 30555,55$

3° *Achat, à Pétersbourg, de papier sur Vienne*

à 3 mois

fl. 3 m. *x*   30555,55 r. esp.
r. esp. 100   163 fl. 3 m.

$$x = 49805,55$$

4° *Vente, à Zurich, du Vienne*

à 3 mois

fr. S. esp. *x*   49805,55 fl. 3 m.
fl. 3 m. 100   206 ½ fr. S. esp.

$$x = 102848,45$$

5° *Vente, à Paris, d'une traite sur Zurich*

à vue

fr. esp. *x*   102848,45 fr. S. vue
fr. S. vue 100   99 $^{15}/_{16}$ fr. esp.

$$x = 102784,20$$

6° *Acquittement, à Zurich, de la traite*

à vue

fr. S. esp. *x*   102848,45 fr. S. vue
fr. S. vue 100   100 fr. S. esp.

$$x = 102848,45$$

Justification des parités

La vente, à Paris, étant de   102784,20
Et l'achat, à Paris, de . ...   100000, »

Le bénéfice ....   2784,20 francs
est exactement le même que celui qui avait été déterminé d'après
les parités.

Cet exemple suffira pour faire comprendre les opérations
complexes, qui occasionnent toujours moins de frais que les
opérations simples qu'elles remplacent.

COTES CHIFFRÉES A L'ÉTRANGER

Les cotes chiffrées dans les places étrangères s'établissent comme celles des cotes étrangères chiffrées à Paris.

Partout et toujours c'est la monnaie invariable ou certaine qui sert de base aux arbitrages et la monnaie variable ou incertaine qui exprime les parités.

Il faut induire de là que la base des parités de la cote de Paris chiffrée à l'étranger est toujours en francs partout où l'on donne le variable : en Hollande, en Allemagne, en Autriche, en Belgique, en Suisse, en Italie, etc.

Cette base, qui variait encore de 100 à 300 francs il y a quelques années, est devenue fixe à 100 francs depuis les dernières modifications des monnaies étrangères.

Inversement les places de la Russie, de l'Angleterre et de l'Espagne prendront pour base leur monnaie en chiffrant la cote de Paris, en sorte que la cote de Paris chiffrée à St-Pétersbourg, à Londres ou à Madrid présentera les mêmes parités que les cotes de ces mêmes places chiffrées à Paris.

Mais ces parités auront une signification inverse : celles qui exprimaient un prix d'achat exprimeront un prix de vente et réciproquement.

Et cette interversion de position n'empêchera pas que les opérations indiquées par les parités obtenues à Paris, en chiffrant les cotes étrangères et trouvées bonnes pour la spéculation, soient également bonnes pour la cote de Paris chiffrée à l'étranger.

Prenons pour exemple la cote de Londres chiffrée à Paris et comparons-la à la cote de Paris chiffrée à Londres, qui sera exactement la même et donnera les mêmes parités.

De la cote de Londres chiffrée à Paris nous avons tiré une opération résultant des parités ci-dessous :

Prix de vente :
    5 0/0 Turc, parité 25,72864

Prix d'achat :
    Argent en barre, parité............................ 24,72923

        Bénéfice 0,99941

A Paris, la parité la plus forte est la meilleure comme prix de vente, parce que nous multiplions la parité exprimée en francs par les livres sterling pour avoir des produits en francs et que plus le multiplicande est fort, plus le produit sera grand.

De la cote de Paris chiffrée à Londres nous tirerions une opération analogue résultant des mêmes parités, mais nous choisirions pour la vente la valeur dont la parité serait la plus faible.

C'est parce que, à Londres, on divise les francs par la parité exprimée en francs pour avoir un quotient en livres sterling, et que plus le diviseur est faible, plus le quotient sera grand.

Du reste, que les parités soient exprimées en francs ou en monnaie étrangère, partout et toujours les opérations indiquées dans les cotes étrangères chiffrées à Paris seront trouvées bonnes pour les cotes de Paris chiffrées à l'étranger, à la condition qu'elles seront combinées dans le sens inverse, c'est-à-dire que les prix de vente choisis à Paris se transformeront en prix d'achat choisis à l'étranger, et réciproquement.

C'est ce que nous démontrerons plus clairement encore après avoir présenté les calculs et le tableau de la cote de Paris chiffrée à Amsterdam.

Chiffrer des cotes en se supposant à l'étranger est un excellent exercice qui a pour double avantage de familiariser avec les calculs et avec les questions d'arbitrages.

CALCULS

DE LA COTE DE PARIS CHIFFRÉE A AMSTERDAM

le 30 Septembre 18..

CHANGES

1º   *Papier sur Paris*

COURT OU 8 JOURS, A AMSTERDAM

fl. esp. x 100 fr. esp.
fr. esp. 99 $^{14}/_{15}$ 100 fr. 8 jours
fr. 8 jours 100   47,95 fl. esp.

$$x = 47,98199$$

2º   *Papier sur Paris*

2 MOIS, A AMSTERDAM

fl. esp. x 100 fr. esp.
fr. esp. 99 ½   100 fr. 2 m.
fr. 2 m. 100   47 ½ fl. esp.

$$x = 47,73869$$

3º   *Papier sur Amsterdam*

fl. esp. x 100 fr. esp.
fr. esp. 207   100 fl. 3 m.
fl. 3 m. 100   99 fl. esp.

$$x = 47,82609$$

4º   *Papier sur l'Allemagne*

8 JOURS, A AMSTERDAM

fl. esp. x 100 fr. esp.
fr. esp. 122 ¾   100 rm. 3 m.
rm. 3 m. 100   99 $^{4}/_{45}$ rm. 8 jours
rm. 8 jours 100   58,80 fl. esp.

$$x = 47,61125$$

5°   *Papier sur l'Allemagne*

3 MOIS, A AMSTERDAM

fl. esp. x 100 fr. esp.
fr. esp. 122 ⅜   100 rm. 3 m.
rm. 3 m. 100   58,45 fl. esp.

$$x = 47,76302$$

6°   *Papier sur l'Espagne*

fl. esp. x 100 fr. esp.
fr. esp. 497   100 p. 3 m.
p. 3 m. 100   237 fl. esp.

$$x = 47,68612$$

7°   *Papier sur le Portugal*

fl. esp. x 100 fr. esp.
fr. esp. 546   100 milr. 3 m.
milr. 3 m. 100   259 fr. esp.

$$x = 47,43590$$

8°   *Papier sur Vienne*

fl. esp. x 100 fr. esp.
fr. esp. 204   100 fl. d'Aut. 3 m.
fl. d'Aut. 3 m. 100   97 fl. esp.

$$x = 47,54902$$

9°   *Papier sur Pétersbourg*

fl. esp. x 100 fr. esp.
fr. esp. 324   100 r. 3 m.
r. 3 m. 100   154,50 fl. esp.

$$x = 47,68518 \; ½$$

10°   *Papier sur Londres*

COURT OU 6 JOURS, A AMSTERDAM

fl. esp. x 100 fr. esp.
fr. esp. 25,215   1 l. st. vue
l. st. vue 99 $^{29}/_{30}$ 100 l. st. 6 jours
l. st. 6 jours 1   12,06 fl. esp.

$$x = 47,84462$$

11o *Papier sur Londres*

3 MOIS, A AMSTERDAM

$$
\begin{array}{ll}
\text{fl. esp. } x & 100 \text{ fr. esp.} \\
\text{fr. esp. } 25{,}215 & 1 \text{ l. st. vue} \\
\text{l. st. vue } 99 \tfrac{2}{3} & 100 \text{ l. st. 3 m.} \\
\text{l. st. 3 m. } 1 & 12{,}03 \text{ fl. esp.}
\end{array}
$$

$$x = 47{,}86926$$

12° *Papier sur la Belgique*

COURT OU 6 JOURS, A AMSTERDAM

$$
\begin{array}{ll}
\text{fl. esp. } x & 100 \text{ fr. esp.} \\
\text{fr. esp. } 99 \,{}^{15}/_{16} & 100 \text{ fr. B. vue} \\
\text{fr. B. vue } 99 \,{}^{23}/_{24} & 100 \text{ fr. B. 6 jours} \\
\text{fr. B. 6 jours } 100 & 47{,}70 \text{ fl. esp.}
\end{array}
$$

$$x = 47{,}74973$$

13° *Papier sur la Belgique*

3 MOIS, A AMSTERDAM

$$
\begin{array}{ll}
\text{fl. esp. } x & 100 \text{ fr. esp.} \\
\text{fr. esp. } 99 \,{}^{15}/_{16} & 100 \text{ fr. B. vue} \\
\text{fr. B. vue } 99 \tfrac{3}{8} & 100 \text{ fr. B. 3 m.} \\
\text{fr. B. 3 m. } 100 & 47{,}40 \text{ fl. esp.}
\end{array}
$$

$$x = 47{,}72794$$

14° *Papier sur la Suisse*

8 JOURS, A AMSTERDAM

$$
\begin{array}{ll}
\text{fl. esp. } x & 100 \text{ fr. esp.} \\
\text{fr. esp. } 99 \,{}^{15}/_{16} & 100 \text{ fr. S. vue} \\
\text{fr. S. vue } 99 \,{}^{14}/_{15} & 100 \text{ fr. S. 8 jours} \\
\text{fr. S. 8 jours } 100 & 47{,}60 \text{ fl. esp.}
\end{array}
$$

$$x = 47{,}66154$$

15° *Papier sur la Suisse*

3 MOIS, A AMSTERDAM

$$
\begin{array}{ll}
\text{fl. esp. } x & 100 \text{ fr. esp.} \\
\text{fr. esp. } 99 \,{}^{15}/_{16} & 100 \text{ fr. S. vue} \\
\text{fr. S. vue } 99 \tfrac{1}{4} & 100 \text{ fr. S. 3 m.} \\
\text{fr. S. 3 m. } 100 & 47 \text{ fl. esp.}
\end{array}
$$

$$x = 47{,}38478$$

16°   *Papier sur l'Italie*

fl. esp. x 100 fr. esp.
fr. esp. 92 ⅞   100 lir. vue
lir. vue 98 ¾   100 lir. 3 m.
lir. 3 m. 100   43,80 fl. esp.

$$x = 47,75712 \; ½$$

MATIÈRES D'OR ET D'ARGENT

17°   *Or en barre*

fl. esp. x 100 fr. esp.
fr. esp. 1001   1000 fr. év.
fr. év. 3434,44   1 k° or fin
k° or fin 1   1442,60 fl. év.
fl. év. 100   114 ¼ fl. esp.

$$x = 47,94155 \; ^{1}/_{2}$$

18°   *Argent en barre*

fl. esp. x 100 fr. esp.
fr. esp. 860   1000 fr. év.
ir. év. 218,89   1 k° arg. fin
k° arg. fin 1   90 fl. esp.

$$x = 47,80993$$

FONDS D'ÉTATS

19°   *3 % Français*

fl. esp. x 100 fr. esp.
fr. esp. 71,70   100 fr. cap.
fr. cap. 100   69 ¼ (68 ½ + ¾) fr. év.
fr. év. 2   1 fl. esp. — ch. f. —

$$x = 48,29149$$

20°   *5 % Français*

fl. esp. x 100 fr. esp.
fr. esp. 106,17 ½   100 fr. cap.
fr. cap. 100   101 ⅝ (101 + ⅝) fr. év.
fr. év. 2   1 fl. esp. — ch. f. —

$$x = 47,85731$$

12

21o

2 $^1/_2$ % *Hollandais*

fl. esp. x 100 fr. esp.
fr. esp. 120   57 fl. év. — ch. f. —
fl. év. 63   100 fl. cap.
fl. cap. 100   63 ⅜ (62 ¾ + ⅝) fl. esp.

$$x = 47,78274$$

22o

5 % *Italien*

fl. esp. x 100 fr. esp.
fr. esp. 74,10   100 lir. cap.
lir. cap. 100   70 ⅞ (69 ⅝ + ⁵/₄) lir. év.
lir. év. 2   1 fl. esp. — ch. f. —

$$x = 47,82389$$

23o

5 % *Autrichien argent*

fl. esp. x 100 fr. esp.
fr. esp. 2 ½   1 fl. d'Aut. év. — ch. f. —
fl. d'Aut. év. 57 ₂   100 fl. d'Aut. cap.
fl. d'Aut. cap. 100   57 (55 ¾ + ⁵/₄) fl. d'Aut. év.
fl. d'Aut. év. 10   12 fl. esp. — ch. f. —

$$x = 47,58261$$

24o

4 $^1/_2$ % *Russe* 1875

fl. esp. x 100 fr. esp.
fr. esp. 25,20   1 l. st. év. — ch. f. —
l. st. év. 87 ¼   100 l. st. cap.
l. st. cap. 100   87 ½ (85 ¼ + 2 ¼) l. st. év.
l. st. év. 1   12 fl. esp. — ch. f. —

$$x = 47,75549$$

25o

5 % *Américain*

fl. esp. x 100 fr. esp.
fr. esp. 5   1 dol. év. — ch. f. —
dol. év. 108 ¾   100 dol. cap.
dol. cap. 100   104 ⁷/₁₂ (103 ¾ + ⁵/₆) dol. év.
dol. év. 1   2 ½ fl. esp. — ch. f. —

$$x = 48,08429$$

26º   3 % *Espagnol extérieur*

    fl. esp. x 100 fr. esp.
    fr. esp. 5,40   1 p. év. — ch. f. —
    p. év. 14 $\frac{1}{4}$ 100 p. cap.
    p. cap. 100   14 $^{9}/_{16}$ (13 $^{13}/_{16}$ + $\frac{3}{4}$) p. év.
    p. év. 1   2 $\frac{1}{2}$ fl. esp. — ch. f. —

$$x = 47{,}31156$$

27º   5 % *Turc*

    fl. esp. x 100 fr. esp.
    fr. esp. 25   1 l. st. év. — ch. f. —
    l. st. év. 12 $^{4}/_{5}$ 100 l. st. cap.
    l. st. cap. 100   12 $\frac{5}{8}$ (11 $\frac{3}{8}$ + $^{5}/_{4}$) l. st. év.
    l. st. év. 1   12 fl. esp. — ch. f. —

$$x = 47{,}34375$$

28º   6 % *Péruvien*

    fl. esp. x 100 fr. esp.
    fr. esp. 25   1 l. st. év. — ch. f. —
    l. st. év. 18 $\frac{3}{4}$ 100 l. st. cap.
    l. st. cap. 100   18 $\frac{5}{8}$ (17 $\frac{1}{8}$ + 1 $\frac{1}{2}$) l. st. év.
    l. st. év. 1   12 fl. esp. — ch. f. —

$$x = 47{,}68000$$

COTE DE PARIS

Chiffrée à Amsterdam, le 30 Septembre 18 .

Numéros d'ordre	VALEURS	COTE DE PARIS			COTE DE HOLLANDE			PARITÉS
		Échéances	COURS	Intérêts	Echéances et Jouissances	COURS	Intérêts	
1	Paris .... court	......	......	......	8 jrs	47,95	3 °/o	$47{,}98^{199}$
2	Id.	......	......	......	2 m.	47,50	3 %	$47{,}73^{809}$
3	Amsterdam	3 m.	207	4 %	......	......	......	$47{,}82^{609}$
4	Allemagne .... court	3 m.	122 ⅜	4 %	8 jrs	58,80	4 °/o	$47{,}61^{125}$
5	Id.	3 m.	122 ⅜	4 %	3 m.	58,45	4 °/o	$47{,}76^{302}$
6	Espagne	3 m.	497	4 %	3 m.	237	6 °/o	$47{,}68^{612}$
7	Portugal	3 m.	546	4 %	3 m.	259	6 °/o	$47{,}43^{590}$
8	Vienne	3 m.	204	4 %	3 m.	97	5 °/o	$47{,}54^{202}$
9	Pétersbourg	3 m.	324	4 %	3 m.	154,50	6 °/o	$47{,}68^{318}$ ½
10	Londres .... court	vue	25,21 ½	2 %	6 jrs	12,06	2 °/o	$47{,}84^{462}$
11	Id.	vue	25,21 ½	2 %	2 m.	12,03	2 °/o	$47{,}86^{926}$
12	Belgique .... court	vue	1/16 % p.	2 ½ %	6 jrs	47,70	2 ½ °/o	$47{,}74^{973}$
13	Id.	vue	id.	2 ½ %	3 m.	47,40	2 ½ °/o	$47{,}72^{794}$
14	Suisse .... court	vue	id.	3 %	8 jrs	47,60	3 °/o	$47{,}66^{154}$
15	Id.	vue	id.	3 %	3 m.	47	3 °/o	$47{,}38^{474}$
16	Italie	vue	7 1/8 % p.	5 %	3 m.	43,80	5 °/o	$47{,}75^{712}$ ½
17	Or en barre	......	1 °/oo b.	......	......	14 ¼ % b.	......	$47{,}94^{153}$ ½
18	Argent en barre	......	140 °/oo p.	......	......	90	......	$47{,}80^{803}$
19	3 % Français	......	71,70	......	1 juillet	68 ½	......	$48{,}29^{149}$
20	5 % id.	......	106,17 ½	......	16 août	101	......	$47{,}85^{741}$
21	2 ½ % Hollandais	......	63	......	1 juillet	62 ¾	......	$47{,}78^{274}$
22	5 % Italien	......	74,10	......	id.	69 ⅝	......	$47{,}82^{289}$
23	5 % Autrichien argent	......	57 ½	......	id.	55 ¾	......	$47{,}58^{261}$
24	4 ½ % Russe	......	87 ¼	......	1 avril	85 ¼	......	$47{,}75^{549}$
25	5 % Américain	......	108 ¾	......	1 août	103 ¾	......	$48{,}08^{429}$
26	3 % Espagnol extérieur	......	14 ¼	......	1 juillet	13 13/16	......	$47{,}31^{185}$
27	5 % Turc	......	12 4/5	......	id.	11 ⅜	......	$47{,}34^{375}$
28	6 % Péruvien	......	18 ¾	......	id.	17 ⅛	......	$47{,}68^{000}$

Ainsi que nous l'avions annoncé avant de chiffrer à Amsterdam la cote de Paris, les deux valeurs dont les parités nous ont indiqué une opération, d'après le tableau des parités de la cote d'Amsterdam chiffrée à Paris, vont nous fournir, dans le sens inverse, la même opération qui produira le même résultat.

En effet, comparons les deux parités de la cote d'Amsterdam chiffrée à Paris, qui nous ont fourni une opération, avec celles de la cote de Paris chiffrée à Amsterdam, et nous constaterons l'exactitude de nos raisonnements.

Dans l'usage de la cote d'Amsterdam chiffrée à Paris, nous avons choisi :

Pour prix de vente,

Le 3 0/0 Espagnol extérieur, parité........ 211,36481

Et pour prix d'achat,

Le 5 0/0 Américain, parité........................ 207,96813

Différence 3,39668

Cette différence nous a indiqué un bénéfice de 1,633 pour cent, déterminé par les calculs ci-dessous :

$$\frac{3,39668 \times 100}{207,96813} = 1,633 \%$$

Si, dans l'usage de la cote de Paris chiffrée à Amsterdam, nous choisissons :

Pour prix de vente,

Le 5 0/0 Américain, parité..................... 48,08429

Et pour prix d'achat,

Le 3 0/0 Espagnol extérieur, parité........... 47,31156

Différence................................... 0,77273

Cette différence nous indiquera le même bénéfice de 1,633 pour cent, déterminé par les calculs qui suivent :

$$\frac{0,77273 \times 100}{47,31156} = 1,633 \%$$

Après avoir produit l'exemple complet d'une cote chiffrée à l'étranger, avec toutes ses opérations et avec son tableau de 28 valeurs comprenant les changes, les matières d'or et d'argent et les fonds d'États, nous n'avons plus rien à faire pour enseigner à chiffrer les cotes à l'étranger.

12.

Mais il nous reste encore, au risque de nous répéter, à revenir sur la base, qui est la donnée fondamentale de toute cote chiffrée, qu'elle soit chiffrée dans la place où l'on est ou que l'on se suppose à l'étranger pour la chiffrer.

Or, la base est toujours indiquée dans les cours de la place même qui veut chiffrer une cote.

Si l'on veut chiffrer à Paris une cote du Portugal, on prendra pour base 100000 reis, parce que la base du cours est 100 milreis sur la cote de Paris.

La base de la cote chiffrée de Londres sera de une livre sterling à Paris, à Amsterdam, à Berlin, à Bruxelles, à Rome, à Bâle, etc. ; mais elle sera de dix livres sterling à Vienne et de un rouble argent à Saint-Pétersbourg, parce que les cours du Londres sont ainsi déterminés dans les cotes de ces différentes places.

A Londres on prendra pour base une livre sterling, quand il s'agira de chiffrer les cotes de Paris, d'Amsterdam, de Vienne, de Belgique, d'Italie, etc., et l'unité monétaire de Madrid, de Lisbonne et de Saint-Péterbourg, quand il s'agira de chiffrer les cotes de ces places, parce que leurs valeurs sont ainsi évaluées dans les cours de la Bourse à Londres.

Et ainsi des autres bases.

CHANGES DIRECTS PAR ÉQUIVALENCES

Il faut entendre par équivalence, dans les changes directs de deux places, l'égalité de rapport entre les cours réciproques du papier de chacune d'elles.

L'étude des équivalences n'ajoutera rien aux notions que nous avons déjà données sur les arbitrages ; elle ne fera que présenter les parités sous une nouvelle forme.

Dans cette sorte d'arbitrage, nous considèrerons que la rapidité est préférable à la perfection et nous serons moins exigeant pour l'exactitude irréprochable des calculs que lorsqu'il s'agissait de parités modèles.

Autrefois les cotes chiffrées suffisaient dans les trois positions que nous venons de passer en revue et l'on n'avait que faire des équivalences dont l'usage n'était pas connu ; aujourd'hui, depuis l'invention des télégrammes, elles sont devenues d'une grande utilité et voici pourquoi.

Lorsque deux places sont en relation d'affaires financières, elles ont constamment des sommes à recouvrer l'une sur l'autre ou à se remettre directement l'une à l'autre, ou enfin des spéculations à entreprendre l'une avec l'autre, et il leur importe infiniment de profiter des cours favorables qui peuvent se produire tout à coup dans les changes directs et leur procurer une économie ou un bénéfice.

Paris se sert des équivalences dans les changes directs entre lui et une place étrangère, afin de voir rapidement s'il a intérêt à remettre du papier de cette place, à faire tirer sur lui ou à échanger du papier de la place étrangère contre du papier sur Paris.

Passons à la pratique.

Il y a équivalence des changes directs entre Paris et Amsterdam, lorsque le cours du Paris, ramené à vue à Amsterdam, équilibre celui de l'Amsterdam, ramené à vue à Paris, et réciproquement.

Si le cours de l'Amsterdam à vue était à Paris de 208 1/3 francs et que celui du Paris à Amsterdam fût de 48 florins, il y aurait équivalence. En effet, cette équivalence peut être démontrée comme suit :

$$\begin{array}{ll} \text{fl. vue } x & \text{100 fr. vue} \\ \text{fr. vue 208 } \frac{1}{3} & \text{100 fl. vue} \end{array}$$

$$x = 48$$

Naturellement elle eût pu être démontrée inversement, de la manière ci-dessous :

$$\begin{array}{ll} \text{fr. vue } x & \text{100 fl. vue} \\ \text{fl. vue 48} & \text{100 fr. vue} \end{array}$$

$$x = 208 \; {}^1/_3$$

A 48 florins les 100 francs, le cours du Paris à Amsterdam équilibre celui de l'Amsterdam à Paris, lorsque celui-ci est à 208 1/3 francs les 100 florins.

Il n'y aurait alors aucune opération à faire.

A 48 1/2 florins, le Paris à Amsterdam serait plus cher que l'Amsterdam à Paris valant 208 1/3 francs.

En voici la preuve :

$$\begin{array}{ll} \text{fr. vue } x & \text{100 fl. vue} \\ \text{fl. vue 48 } \frac{1}{2} & \text{100 fr. vue} \end{array}$$

$$x = 206,1855$$

Si, dans ce cas, Paris était débiteur de 10000 florins, il ferait tirer sur lui 20618,55 francs, qui, négociés à Amsterdam, produiraient 10000 florins, car $\frac{48 \frac{1}{2} \times 20618,55}{100} = 10000$.

Si, au contraire, Paris était créancier de 10000 florins, il fournirait une traite de cette somme, qui, négociée à Paris, produirait 20833,33 francs, car $\frac{208\ \frac{1}{3} \times 10000}{100} = 20833,33$.

Si Paris n'était ni débiteur ni créancier, il pourrait faire les deux opérations et réaliser un bénéfice de 20833,33 — 20618,55 = 214,78 francs.

A 47 1/2 florins, le Paris à Amsterdam serait à meilleur marché que l'Amsterdam à Paris à 208 1/3 francs, ainsi qu'il résulte du calcul suivant :

$$\begin{array}{cc} \text{fl. vue } x & 100 \text{ fl. vue} \\ \text{fl. vue } 47\frac{1}{2} & 100 \text{ fr. vue} \end{array}$$

$$x = 210,5263$$

Si, dans ce cas, Paris était créancier de 10000 florins, il les ferait dépenser en achat de papier sur Paris et il en aurait pour 21052,63 francs, d'après ce calcul : $\frac{10000 \times 100}{47\ \frac{1}{2}} = 21052,63$.

Si, au contraire, Paris était débiteur de 10000 florins, il dépenserait 20833,33 francs pour acheter 10000 florins en papier sur Amsterdam, d'après ce calcul : $\frac{208\ \frac{1}{3} \times 10000}{100} = 20833,33$.

Si Paris n'était ni débiteur ni créancier, il pourrait faire les deux opérations et réaliser un bénéfice de 21052,63 — 20833,33 = 219,30 francs.

On le voit, les équivalences indiquent les mêmes combinaisons que les cotes chiffrées.

Lorsque la place de Paris et la place étrangère traitent leurs changes directs à la même échéance, on peut, sans ramener les cours à vue, trouver des équivalences suffisantes quoique un peu défectueuses, ainsi que nous allons le faire comprendre après le premier arbitrage qui va suivre.

Choisissons Paris avec Vienne, parce que ces deux places traitent à 3 mois leurs changes directs.

Le cours du Vienne 3 mois sera supposé à 204 francs, à Paris, tel qu'il est indiqué dans la cote de Paris que nous avons produite à la page 27 de ce volume, et nous partirons de cette donnée pour raisonner sur les changes directs de Paris et de Vienne, comme nous avons raisonné sur ceux de Paris et d'Amsterdam.

Equivalence du Paris à Vienne

$$\text{fl. } x \quad 100 \text{ fr.}$$
$$\text{fr. } 204 \quad 100 \text{ fl.}$$
$$x = 49$$

Il est vrai que l'arbitrage ne pourrait pas être minutieusement vérifié par la mise en pratique, à cause de l'inévitable taux compensateur qui serait venu le fausser : on achèterait à 4 0/0, à Paris, le papier sur Vienne qui, dans sa place, serait négocié à 5 0/0, ou vice versâ. Mais comme la différence de 1 0/0 l'an serait, au pis aller, de 1/4 0/0 sur des valeurs à 3 mois et qu'on procède ici par approximation, nous ferons taire nos scrupules et nous passerons outre.

D'après la parité qui précède, lorsque le cours du Paris à Vienne est à 49 florins, il équivaut au cours du Vienne à Paris coté 204 francs.

Ces cours réciproques ne donnent lieu à aucune spéculation.

A 49 1/2 florins le Paris, à Vienne, serait plus cher que le Vienne, à Paris, valant 204 francs, ainsi qu'il résulte du calcul ci-dessous :

$$\text{fr. } x \quad 100 \text{ fl.}$$
$$\text{fl. } 49\,\tfrac{1}{2} \quad 100 \text{ fr.}$$
$$x = 202,02$$

Dans ce cas, Paris débiteur inviterait son créancier de Vienne à tirer sur lui et Paris créancier tirerait sur Vienne.

C'est la voie des traites qui serait choisie.

Supposons 10000 florins comme montant de la dette ou de la créance.

Comme débiteur, Paris ferait fournir sur lui une traite de 20202 francs, à 3 mois, qui, vendue à Vienne, produirait 10000 florins.

En effet $\frac{49\,\frac{1}{2} \times 20202}{100} = 10000$.

Comme créditeur, Paris fournirait sur Vienne une traite de 10000 florins à 3 mois, qui, vendue à Paris, produirait 20400 francs.

En effet $\frac{204 \times 10000}{100} = 20400$.

Paris n'étant ni débiteur ni créancier, pourrait faire les deux opérations dont il tirerait un bénéfice de 198 francs, parce que $20400 - 20202 = 198$.

A 48 1/2 florins le Paris, à Vienne, serait moins cher que le Vienne, à Paris, valant 204 francs, ainsi qu'il résulte du calcul ci-dessous :

$$\begin{array}{ccc} \text{fr. } x & & \text{100 fl.} \\ \text{fl. 48 } \tfrac{1}{2} & & \text{100 fr.} \end{array}$$

$$x = 206{,}1855$$

Dans ce cas, Paris débiteur achèterait du papier sur Vienne et Paris créancier demanderait des remises sur Paris.

C'est la voie des remises qui serait choisie.

Paris débiteur de 10000 florins à 3 mois les achèterait sur sa place et dépenserait 20400 francs, parce que $\frac{204 \times 10000}{100} = 20400$.

Paris créancier de 10000 florins échus les ferait dépenser à Vienne en achat de papier sur Paris, à 3 mois, et recevrait une valeur de 20618,55, parce que $\frac{10000 \times 100}{48 \frac{1}{2}} = 20618{,}55$.

Paris n'étant ni débiteur ni créancier pourrait faire les deux opérations et en tirer un bénéfice de 218,55 francs, parce que 20618,55 — 20400 = 218,55.

Jusqu'ici nous n'avons étudié que les équivalences entre Paris et les places étrangères qui, comme Paris, donnent le variable.

Dans ce cas, il ressort de tout ce qui précède que Paris doit procéder ou faire procéder par voie de traites, lorsque le cours étranger est plus élevé que son équivalence avec le cours de Paris, et qu'il doit au contraire procéder ou faire procéder par voie de remises, lorsque le cours étranger est moins élevé que son équivalence avec le cours de Paris.

A présent nous allons étudier les équivalences entre Paris et les places étrangères qui donnent l'invariable, contrairement à Paris, et nous verrons que c'est l'inverse qui va se produire.

Choisissons Paris avec Londres et supposons le cours ci-dessous :

Paris cote Londres à vue..................................... 25,30
Londres cote Paris *ramené* à vue................. 25,20

Il y aurait équivalence si les cours des deux places étaient à 25,30 ou à 25,20.

Le cours du Paris à Londres (25,20), est évidemment plus faible que l'équivalence du cours du Londres à Paris (25,30).

Et cependant ce sont ces cours que nous choisirons pour procéder par voie de traites.

En effet, si Paris est débiteur de 1000 livres sterling envers Londres, il fera fournir sur lui une traite de 25200 francs, qui négociée à Londres, servira à acquitter sa dette, car $\frac{25200}{25,20} = 1000$.

Si au contraire Paris est créancier de 1000 livres sterling dans la place de Londres, il fournira sur son débiteur une traite de 1000 livres sterling qui, négociée à Paris, produira 25300 francs, car $25,30 \times 1000 = 25300$.

Et si Paris n'est ni débiteur ni créancier, il pourra néanmoins faire l'opération qui lui produira un bénéfice de 100 francs.

Un raisonnement analogue serait applicable aux places de St-Pétersbourg, de Madrid et à toutes celles qui, contrairement à Paris, donnent l'invariable.

Il ressort donc de ce qui précède que Paris, opérant sur les changes directs avec une place étrangère qui donne l'invariable, procèdera ou fera procéder par voie de remises, lorsque le cours étranger sera plus élevé que son équivalence avec le cours de Paris et qu'il procèdera ou fera procéder au contraire par voie de traites, lorsque le cours étranger sera moins élevé que son équivalence avec le cours de Paris.

———

Ces explications données, nous pouvons faire l'application des équivalences aux changes directs des huit cotes étrangères que nous avons chiffrées à Paris, et nous constaterons que les équivalences indiquent les mêmes opérations que les parités des cotes chiffrées.

Cote chiffrée de Londres

Paris cote Londres à vue.................................: 25,215

Londres cote Paris $\begin{cases} \text{à vue} .... & 25,225 \\ \text{à 3 mois } \textit{ramené} \text{ à vue..} & 25,18469 \end{cases}$

En comparant le cours, à Londres, du Paris, à vue, avec les cours, à Paris, du Londres, à vue, nous choisirons ces cours pour procéder à Paris et faire procéder à Londres par voie de remises, parce que Londres, donnant l'invariable, présente un cours, à vue, de 25,225, c'est-à-dire de 0,01 supérieur à l'équivalence 25,215, qui n'est autre que le cours, à Paris, du Londres, à vue.

Inversement, en comparant le cours, à Londres, du Paris, à 3 mois *ramené* à vue, nous choisirons ces cours pour procéder à Paris et faire procéder à Londres par voie de traites, parce que Londres, donnant l'invariable, présente un cours à vue de 25,18469, c'est-à-dire de 0,03031 plus faible que l'équivalence 25,215, qui n'est autre que le cours, à Paris, du Londres, à vue.

Cote chiffrée de la Hollande

Le cours, à Paris, du papier sur la Hollande, 3 mois, ramené à vue est 209,0909, parce que 207 + 2,0909 pour 3 mois d'intérêts à 4 0/0 = 209,0909 francs.

Si, d'une part, nous faisons l'équivalence du cours en Hollande du Paris, à vue, nous trouverons 47,826, parce que $\frac{10000}{209,0909}$ = 47,826, tandis que le cours, à 8 jours, ramené à vue sera 47,98, parce que 47,95 + 0,03 pour 8 jours d'intérêts à 3 % = 47,98 florins.

Or, la Hollande, donnant le variable comme Paris, et 47,98, le cours, à vue, du Paris étant plus élevé que 47,826, l'équivalence, Paris procèdera et fera procéder en Hollande par voie de traites.

Si, d'autre part, nous ramenons à vue le cours en Hollande du Paris, 2 mois, qui sera de 47,74, parce que 47,50 + 0,24 pour 2 mois d'intérêts à 3 % = 47,74, nous trouverons ce cours moins élevé que l'équivalence 47,826 déjà calculée.

Or, la Hollande, donnant le variable comme Paris, et 47,74, le cours, à vue, du Paris étant moins élevé que 47,826, l'équivalence, Paris procèdera et fera procéder en Hollande par voie de remises.

Cote chiffrée de l'Allemagne.

Le cours, à Paris, du papier sur l'Allemagne, 3 mois, ramené à vue est 123,611, parce que 122,375 + 1,236 pour 3 mois d'intérêts à 4 % = 123,611 francs.

Nous n'avons, cette fois, qu'un seul cours étranger à considérer.

Si nous faisons l'équivalence du cours en Allemagne du Paris, à vue, nous trouverons 80,90, parce que $\frac{100000}{123,611} = 80,90$, tandis que le cours, à 8 jours, ramené à vue sera 81,104, parce que 81,05 $+$ 0,054 pour 8 jours d'intérêts à 4 % $=$ 81,104 reichsmarks.

Or, l'Allemagne, donnant le variable comme Paris, et 81,104, le cours, à vue, du Paris étant plus élevé que 80,90, l'équivalence, Paris procédera et fera procéder en Allemagne par voie de traites.

Cote chiffrée de Vienne

Le cours, à Paris, du papier sur Vienne, 3 mois, ramené à vue est 206,06, parce que 204 + 2,06 pour 3 mois d'intérêts à 4 % $=$ 206,06 francs.

Il n'y a qu'un cours étranger à considérer.

Si nous faisons l'équivalence du cours à Vienne du Paris, à vue, nous trouverons 48,53, parce que $\frac{10000}{206,06} = 48,53$, tandis que le cours, à 3 mois, ramené à vue sera 48,87, parce que 48,50 $+$ 0,37 pour 3 mois d'intérêts à 3 % $=$ 48,87 florins.

Or, Vienne, donnant le variable comme Paris, et 48,87, le cours, à vue, du Paris étant plus élevé que 48,53, l'équivalence, Paris procédera et fera procéder à Vienne par voie de traites.

Cote chiffrée de Saint-Pétersbourg

Paris cote Pétersbourg 3 mois............	324, »
Intérêts de 3 mois à 4 0/0...............	3,27
D'où Pétersbourg à vue =.........	327,27
St-Pétersbourg cote Paris 3 mois...............	333,50
Escompte de 3 mois à 3 0/0...............	2,50
D'où Paris à vue =...............	331, »

En comparant le cours, à Saint-Pétersbourg, du Paris, à vue, avec le cours, à Paris, du Pétersbourg, à vue, nous choisirons ces cours pour procéder à Paris, et faire procéder à St-Pétersbourg par voie de remises, parce que St-Péterbourg, donnant l'invariable, présente un cours, à vue, de 331, c'est-à-dire de 3,73 supérieur à l'équivalence 327,27, qui n'est autre que le cours, à Paris, du Pétersbourg, à vue.

13

Cote chiffrée de la Belgique

Le cours, à Paris, du papier sur la Belgique, à vue, est de 1/16 de perte sur 100 francs de Belgique = 99,9375 francs.

Si nous faisons l'équivalence du cours en Belgique du Paris, à vue, nous trouverons 100,0625, parce que $\frac{10000}{99,9375} = 100,0625$, tandis que le cours, à vue, est réellement de 100,05 francs de Belgique.

Or, la Belgique, donnant le variable comme Paris, et 100,05, le cours, à vue, du Paris étant de 1 1/4 centime moins élevé que l'équivalence, malgré l'insignifiance de cet écart, Paris, pour se conformer rigoureusement à la règle, devrait procéder et faire procéder en Belgique par voie de remises.

Cote chiffrée de la Suisse

Le cours, à Paris, du papier sur la Suisse, à vue, est de 1/16 de perte sur 100 francs de Suisse = 99,9375 francs.

Si nous faisons l'équivalence du cours en Suisse du Paris, à vue, nous trouverons 100,0625, parce que $\frac{10000}{99,9375} = 100,0625$, tandis que le cours, à vue, est de 100,25, parce que, si à $100\ ^1/_8$ on ajoute $^1/_8$ % pour l'intérêt de 15 jours à 3 %, on aura effectivement 100, 25 francs de Suisse.

Or, la Suisse, donnant le variable comme Paris, et 100,25, le cours, à vue, du Paris étant plus élevé que l'équivalence, Paris procéderait et ferait procéder en Suisse par voie de traites.

Cote chiffrée de l'Italie

Le cours, à Paris, du papier sur l'Italie, à vue, est de 7 1/8 de perte sur 100 lire = 92,875 francs.

Si nous faisons l'équivalence du cours en Italie du Paris, à vue, nous trouverons 107,6716, parce que $\frac{10000}{92,875} = 107,6716$, tandis que le cours, à vue, est de 107,5566, parce que 106,75 + 0,8066 pour 3 mois d'intérêts à 3 % = 107,5566 lire.

Or, l'Italie, donnant le variable comme Paris, et 107,5566, le cours, à vue, du Paris étant moins élevé que 107,6716, l'équivalence, Paris procédera et fera procéder en Italie par voie de remises.

La question des équivalences dans les changes directs, toute secondaire pour les arbitrages, est devenue très-importante dans la pratique, ainsi que nous l'avons déjà fait remarquer ; mais il faut, pour tirer parti de ce moyen, que l'écart entre le cours étranger et l'équivalence du cours de la place où l'on est soit bien marqué. On ne doit pas s'arrêter aux petites différences ; si nous en avons tenu compte, ce n'est qu'en vue de l'enseignement.

Nous ne recommanderons pas *les tables d'équivalences.* Celles qu'on a publiées sont rarement justes et elles nous paraissent d'autant moins utiles, qu'il est toujours facile d'y suppléer ; car il suffit de diviser 10000 par l'un des deux cours pour avoir aussitôt son équivalence.

PRIX DE REVIENT OU DE VENTE

On distingue en banque trois sortes de prix de revient ou de vente, c'est-à-dire autant de prix qu'il y a de sortes de valeurs financières : 1° les prix de revient ou de vente du papier sur l'étranger, 2° les prix de revient ou de vente des matières d'or et d'argent, 3° et les prix de revient ou de vente des fonds d'Etats.

1° PRIX DE REVIENT OU DE VENTE
DU PAPIER SUR L'ÉTRANGER

On emploie l'arbitrage du prix de revient du papier sur l'étranger, lorsqu'on a contracté, dans une place étrangère, une dette qui doit être payée en papier de cette place.

Un négociant de Paris, qui aurait fait des achats à Hambourg et qui devrait les acquitter avec du papier de Hambourg, aurait intérêt à acheter ce papier dans la place qui lui offrirait les meilleures conditions de bon marché, soit à Paris, à Londres, à Amsterdam, à Vienne, à St-Pétersbourg ou partout ailleurs.

On emploie l'arbitrage du prix de vente du papier sur l'étranger, lorsqu'on a une créance à recouvrer en papier sur une place étrangère.

Un négociant de Paris, qui aurait fait opérer des ventes à Hambourg et qui devrait se rembourser au moyen de traites sur Hambourg, aurait intérêt à les négocier dans la place qui lui offrirait le meilleur prix de vente, soit à Paris, à Londres, à Amsterdam, à Vienne, à St-Pétersbourg ou partout ailleurs.

L'*achat* se fait *au comptant*, sur couverture en papier de la place de l'exécuteur d'ordre ; la *vente* se fait *contre rembourse-ment*, en traites du donneur d'ordre.

Ainsi l'exécuteur d'ordre qui *achète* se sert du produit de la vente de valeurs de sa place, reçues du donneur d'ordre, pour procurer à ce dernier des valeurs d'une autre place ; celui qui *vend* négocie sur sa place des valeurs d'une autre place, reçues du donneur d'ordre, et met en réserve les fonds encaissés comme provision des tirages que ce dernier fournira sur lui en remboursement de ses ventes.

Ces opérations sont ainsi combinées, afin que l'exécuteur d'ordre ne soit jamais à découvert et n'ait jamais aucune raison de refuser son concours au donneur d'ordre.

Par conséquent, le prix de revient d'une valeur est la somme que le donneur d'ordre dépense pour acheter du papier de la place de l'exécuteur d'ordre, afin de procurer à ce dernier les fonds dont il aura besoin pour acheter sur sa place une valeur étrangère ; le prix de vente d'une valeur est le produit de la négociation de tirages fournis par le donneur d'ordre sur l'éxécuteur d'ordre, pour se rembourser des sommes encaissées par ce dernier en vendant sur sa place une valeur étrangère.

L'opération pour laquelle on ferait l'arbitrage, à Paris, du prix de revient du Londres acheté à Vienne, à Berlin, à Amsterdam, etc., consisterait à acheter à Paris des valeurs d'une de ces places, à les envoyer au correspondant de la place où elles sont payables, qui serait chargé de les vendre, et à lui faire employer le produit de sa négociation en achat de papier sur Londres.

L'opération pour laquelle on ferait l'arbitrage, à Paris, du prix de vente du Londres négocié à Vienne, à Berlin, à Amsterdam, etc., consisterait à faire vendre du papier sur Londres dans l'une de ces places, et à vendre, à Paris, des traites sur le correspondant, fournies en remboursement des sommes par lui encaissées.

En un mot, pour un banquier de Paris, la parité du prix de revient ou de vente d'un effet sur l'étranger acheté ou vendu dans une place étrangère résulte de la combinaison du cours de cette valeur, dans la place où il désire l'acheter ou la vendre, avec le cours du papier de cette même place acheté ou vendu à Paris.

Les parités des places étrangères se comparent d'abord avec celle de Paris et ensuite avec celles des autres places.

Il est inutile, au point où nous en sommes, de démontrer que la conjointe qui sert à déterminer la parité du prix de revient des valéurs étrangères est la même que celle qui sert à déterminer la parité du prix de vente, et qu'il n'y a que la signification ou l'interprétation des rapports de cette conjointe qui varie.

Mais il est très-utile de donner la signification d'une de ces conjointes pour l'achat et pour la vente, parce que la conjointe représente l'opération dans tous ses détails.

Ces arbitrages se font de deux manières : avec les escomptes dans les conjointes ou avec les cours ramenés à vue.

Dans le premier cas, la conjointe peut se composer de 5 ou 6 rapports ; dans le deuxième, elle n'en a que 3, au plus 4.

A titre d'exemples, nous allons présenter les arbitrages, par les deux moyens, pour les prix de revient ou de vente du papier sur Londres, sur Amsterdam, sur Berlin et sur Vienne, dans toutes les places dont nous avons produit les cotes, et donner la *double* signification d'une de ces conjointes, pour chacun de ces deux moyens, après les arbitrages du papier sur Londres.

Prix de Revient ou de Vente du Papier sur Londres

PREMIER MOYEN

à Paris

COMME TERME DE COMPARAISON

fr. esp. x	1 l. st. esp.
l. st. esp. 1	1 l. st. vue
l. st. vue 1	25,215 fr. esp.

$$x = 25,215$$

à Amsterdam

fr. esp. x	1 l. st. esp.
l. st. esp. $99\,{}^{29}/_{30}$	100 l. st. 6 jours
l. st. 6 jours 1	12,06 fl. esp.
fl. esp. 99	100 fl. 3 m.
fl. 3 m. 100	207 fr. esp.

$$x = 25,225$$

à Berlin

```
      fr. esp. x        1 l. st. esp.
l. st. esp. 99 ⁴³/₄₅    100 l. st. 8 jours
l. st. 8 jours 1        20,43 rm. esp.
      rm. esp. 99       100 rm. 3 m.
      rm. 3 m. 100      122 ⅜ fr. esp.
```

$$x = 25,265$$

à Vienne

```
      fr. esp. x        1 l. st. esp.
l. st. esp. 99 ½        100 l. st. 3 m.
l. st. 3 m. 10          122,50 fl. esp.
      fl. esp. 99       100 fl. 3 m.
      fl. 3 m. 100      204 fr. esp.
```

$$x = 25,369$$

à St-Pétersbourg

```
      fr. esp. x        1 l. st. esp.
   l. st. esp. 1        240 d. st. esp.
d. st. esp. 99 ½        100 d. st. 3 m.
d. st. 3 m. 31 ¹⁹/₃₂    1 r. esp.
      r. esp. 99        100 r. 3 m.
      r. 3 m. 100       324 fr. esp.
```

$$x = 24,986$$

à Bruxelles

```
      fr. esp. x        1 l. st. esp.
   l. st. esp. 1        1 l. st. vue
   l. st. vue 1         25,21 fr. B. esp.
fr. B. esp. 100         100 fr. B. vue
fr. B. vue 100          99 ¹⁵/₁₆ fr. esp.
```

$$x = 25,194$$

à Bâle

```
      fr. esp. x        1 l. st. esp.
l. st. esp. 99 ½        100 l. st. 3 m.
l. st. 3 m. 1           25,20 fr. S. esp.
fr. S. esp. 100         100 fr. S. vue
fr. S. vue 100          99 ¹⁵/₁₆ fr. esp.
```

$$x = 25,311$$

à Florence

fr. esp. x	1 l. st. esp.
l. st. esp. 99 ½	100 l. st. 3 m.
l. st. 3 m. 1	27,05 lir. esp.
lir. esp. I00	100 lir. vue
lir. vue 100	92 ⅞ fr. esp.

$$x = 25,249$$

Signification de la conjointe du Londres à Amsterdam

au point de vue du Prix de Revient

1° Je cherche combien de francs, en espèces, je dépenserais, à Paris pour y acheter du papier sur Amsterdam qui, négocié ou encaissé à Amsterdam, produirait des florins en quantité suffisante pour y acheter du papier sur Londres qui, négocié ou encaissé à Londres, produirait 1 livre sterling, en espèces ;

2° Sachant que 99 29/30 livres sterling, en espèces, sont produites à Londres par la négociation de 100 livres sterling, en papier sur Londres, à 6 jours d'échéance ;

3° Sachant que 1 livre sterling, en papier sur Londres, à 6 jours d'échéance, achetée à Amsterdam, coûte 12,06 florins, en espèces ;

4° Sachant que 99 florins, en espèces, sont produits, à Amsterdam, par la négociation de 100 florins, en papier sur Amsterdam, à 3 mois d'échéance ;

5° Et sachant que 100 florins, en papier sur Amsterdam, à 3 mois d'échéance, achetés à Paris, coûtent 207 francs, en espèces.

Signification de la conjointe du Londres à Amsterdam

au point de vue du Prix de Vente

1° Je cherche combien de francs, en espèces, j'encaisserais, à Paris, en y négociant une traite sur Amsterdam qui, évaluée ou acquittée à Amsterdam, ferait dépenser les florins encaissés par la négociation d'une traite sur Londres qui, évaluée ou acquittée à Londres, ferait dépenser 1 livre sterling, à vue ou en espèces ;

2° Sachant que 99 29/30 livres sterling sont l'évaluation, en espèces, à Londres, de 100 livres sterling de traites sur Londres, à 6 jours d'échéance ;

3º Sachant que 1 livre sterling, en papier sur Londres, à 6 jours d'échéance, vendue à Amsterdam, produit 12,06 florins, en espèces ;

4º Sachant que 99 florins sont l'évaluation, en espèces, à Amsterdam, de 100 florins de traites sur Amsterdam, à 3 mois d'échéance,

5º Et sachant qu'une traite de 100 florins sur Amsterdam, à 3 mois d'échéance, négociée à Paris, produit 207 francs, en espèces.

Prix de Revient ou de Vente du Papier sur Londres

DEUXIÈME MOYEN

à Paris

COMME TERME DE COMPARAISON

fr. esp. x — 1 l. st. vue
l. st. vue 1 — 25,215 fr. esp.

$$x = 25,215$$

à Amsterdam

fr. esp. x — 1 l. st. vue
l. st. vue 1 — 12,064 fl. vue
fl. vue 100 — 209,091 fr. esp.

$$x = 25,225$$

à Berlin

fr. esp. x — 1 l. st. vue
l. st. vue 1 — 20,439 rm. vue
rm. vue 100 — 123,611 fr. esp.

$$x = 25,265$$

à Vienne

fr. esp. x — 1 l. st. vue
l. st. vue 10 — 123,115 ½ fl. vue
fl. vue 100 — 206,06 fr. esp.

$$x = 25,369$$

à St-Pétersbourg

fr. esp. x	1 l. st. vue
l. st. vue 1	240 d. st. vue
d. st. vue 31,435	1 r. vue
r. vue 100	327,27 fr. esp.

$$x = 24,986$$

à Bruxelles

fr. esp. x	1 l. st. vue
l. st. vue 1	25,21 fr. B. vue
fr. B. vue 100	99 $^{15}/_{16}$ fr. esp.

$$x = 25,194$$

à Bâle

fr. esp. x	1 l. st. vue
l. st. vue 1	25,32 $^2/_3$ fr. S. vue
fr. S. vue 100	99 $^{15}/_{16}$ fr. esp.

$$x = 25,311$$

à Florence

fr. esp. x	1 l. st. vue
l. st. vue 1	27,186 lir. vue
lir. vue 100	92 $^7/_8$ fr. esp.

$$x = 25,249$$

Signification de la conjointe du Londres à Amsterdam
au point de vue du Prix de Revient

1° Je cherche combien de francs, en espèces, je dépenserais à Paris pour y acheter du papier sur Amsterdam qui, négocié ou encaissé à Amsterdam, produirait des florins en quantité suffisante pour y acheter du papier sur Londres qui, négocié ou encaissé à Londres, produirait 1 livre sterling, à vue ;

2° Sachant que 1 livre sterling, en papier sur Londres, à vue, achetée à Amsterdam, coûte 12,064 florins, à vue,

3° Et que 100 florins, en papier sur Amsterdam, à vue, achetés à Paris, coûtent 209,091 francs, en espèces.

13.

Signification de la conjointe du Londres à Amsterdam

au point de vue du Prix de Vente

1º Je cherche combien de francs, en espèces, j'encaisserais à Paris en y négociant une traite sur Amsterdam qui, évaluée ou acquittée à Amsterdam, ferait dépenser les florins encaissés par la négociation d'une traite sur Londres qui, évaluée ou acquittée à Londres, ferait dépenser 1 livre sterling, à vue ;

2º Sachant que 1 livre sterling en papier sur Londres, à vue, vendue à Amsterdam, produit 12,064 florins, à vue ;

3º Et qu'une traite de 100 florins sur Amsterdam, à vue, vendue à Paris, produit 209,091 francs, en espèces.

Liste des Prix de Revient ou de Vente du Londres

à Paris	25,215
à Amsterdam	25,225
à Berlin	25,265
à Vienne	25,369
à Sᵗ Pétersbourg	24,986
à Bruxelles	25,194
à Bâle	25,311
à Florence	25,249

Choix des parités

Il est évident, d'après ces parités, que nous choisirions :

Pour acheter du papier sur Londres,

La place de Sᵗ-Pétersbourg.... 24,986

Et pour vendre des traites sur Londres,

La place de Vienne............................. 25,369

Prix de Revient ou de Vente du Papier sur Amsterdam

PREMIER MOYEN

à Paris

COMME TERME DE COMPARAISON

fr. esp. x	100 fl. esp.
fl. esp. 99	100 fl. 3 m.
fl. 3 m. 100	207 fr. esp.

$$x = 209,091$$

à Londres

```
fr. esp. x        100 fl. esp.
fl. esp. 100      100 fl. vue
fl. vue 12,10     1 l. st. esp.
l. st. esp. 100   100 l. st. vue
l. st. vue 1      25,215 fr. esp.
```

$$x = 208,388$$

à Berlin

```
fr. esp. x            100 fl. esp.
fl. esp. 99 ¹⁴/₁₅     100 fl. 8 jours
fl. 8 jours 100       169 rm. esp.
rm. esp. 99           100 rm. 3 m.
rm. 3 m. 100          122 ⅜ fr. esp.
```

$$x = 209,042$$

à Vienne

```
fr. esp. x            100 fl. esp.
fl. esp. 99 ¼         100 fl. 3 m.
fl. 3 m. 100          101 fl. Aut. esp.
fl. Aut. esp. 99      100 fl. Aut. 3 m.
fl. Aut. 3 m. 100     204 fr. esp.
```

$$x = 209,694$$

à St-Pétersbourg

```
fr. esp. x            100 fl. esp.
fl. esp. 99 ¼         100 fl. 3 m.
fl. 3 m. 160          100 r. esp.
r. esp. 99            100 r. 3 m.
r. 3 m. 100           324 fr. esp.
```

$$x = 206,091$$

à Bruxelles

```
fr. esp. x            100 fl. esp.
fl. esp. 100          100 fl. vue
fl. vue 100           208,90 fr. B. esp.
fr. B. esp. 100       100 fr. B. vue
fr. B. vue 100        99 ¹⁵/₁₆ fr. esp.
```

$$x = 208,769$$

à Bâle

fr. esp. x 100 fl. esp.
fl. esp. 99 ¼   100 fl. 3 m.
fl. 3 m. 100   209 fr. S. esp.
fr. S. esp. 100   100 fr. S. vue
fr. S. vue 100   99 ¹⁵/₁₆ fr. esp.

$$x = 210,448$$

Prix de Revient ou de Vente du Papier sur Amsterdam

DEUXIÈME MOYEN

à Paris

COMME TERME DE COMPARAISON

fr. esp. x 100 fl. vue
fl. vue 100   209,091 fr. esp.

$$x = 209,091$$

à Londres

fr. esp. x 100 fl. vue
fl. vue 12,10   1 l. st. vue
l. st. vue 1   25,215 fr. esp.

$$x = 208,388$$

à Berlin

fr. esp. x 100 fl. vue
fl. vue 100   169,113 rm. vue
rm. vue 100   123,611 fr. esp.

$$x = 209,042$$

à Vienne

fr. esp. x 100 fl. vue
fl. vue 100   101,763 fl. Aut. vue
fl. Aut. vue 100   206,06 fr. esp.

$$x = 209,694$$

à St-Pétersbourg

fr. esp. x 100 fl. vue
fl. vue 158,80   100 r. vue
r. vue 100   327,273 fr. esp.

$$x = 206,091$$

à Bruxelles

fr. esp. x 100 fl. vue
fl. vue 100   208,90 fr. B. vue
fr. B. vue 100   99 $^{15}/_{16}$ fr. esp.

$$x = 208,769$$

à Bâle

fr. esp. x 100 fl. vue
fl. vue 100   210,579 fr. S. vue
fr. S. vue 100   99 $^{15}/_{16}$ fr. esp.

$$x = 210,448$$

Liste des Prix de Revient ou de Vente de l'Amsterdam

à Paris	209,091
à Londres	208,388
à Berlin	209,042
à Vienne	209,694
à St-Pétersbourg	206,091
à Bruxelles	208,769
à Bâle	210,448

Choix des Parités

Il est évident, d'après ces parités, que nous choisirions :
Pour acheter du papier sur Amsterdam,
     La place de St-Pétersbourg............ 206,091
Et pour vendre des traites sur Amsterdam,
     La place de Bâle............................ 210,448

Prix de Revient ou de Vente du Papier sur Berlin

PREMIER MOYEN

à Paris

COMME TERME DE COMPARAISON

fr. esp. x	100 rm. esp.
rm. esp. 99	100 rm. 3 m.
rm. 3 m. 100	122,375 fr. esp.

$$x = 123,611$$

à Amsterdam

fr. esp. x	100 rm. esp.
rm. esp. 99 $^{41}/_{45}$	100 rm. 8 jours
rm. 8 jours 100	58,80 fl. esp.
fl. esp. 99	100 fl. 3 m.
fl. 3 m. 100	207 fr. esp.

$$x = 123,055$$

à Vienne

fr. esp. x	100 rm. esp.
rm. esp. 99	100 rm. 3 m.
rm. 3 m. 100	59,60 fl. esp.
fl. esp. 99	100 fl. 3 m.
fl. 3 m. 100	204 fr. esp.

$$x = 124,052$$

à St-Pétersbourg

fr. esp. x	100 rm. esp.
rm. esp. 99	100 rm. 3 m.
rm. 3 m. 270 $\frac{1}{4}$	100 r. esp.
r. esp. 99	100 r. 3 m.
r. 3 m. 100	324 fr. esp.

$$x = 122,210$$

à Bruxelles

fr. esp. x	100 rm. esp.
rm. esp. 100	100 rm vue
rm. vue 100	123,85 fr. B. esp.
fr. B. esp. 100	100 fr. B. vue
fr. B. vue 100	99 $^{15}/_{16}$ fr. esp.

$$x = 123,273$$

· à Bâle

```
fr. esp. x      100 rm. esp.
rm. esp. 99     100 rm. 3 m.
rm. 3 m. 100    123 ¼ fr. S. esp.
fr. S. esp. 100 100 fr. S. vue
fr. S. vue 100  99 ¹⁵/₁₆ fr. esp.
```

$$x = 124{,}417$$

Prix de Revient ou de Vente du Papier sur Berlin

DEUXIÈME MOYEN

à Paris

COMME TERME DE COMPARAISON

```
fr. esp. x      100 rm. vue
rm. vue 100     123,611 fr. esp.
```

$$x = 123{,}611$$

à Amsterdam

```
fr. esp. x      100 rm. vue
rm. vue 100     58,8523 fl. vue
fl. vue 100     209,091 fr. esp.
```

$$x = 123{,}055$$

à Vienne

```
fr. esp. x      100 rm. vue
rm. vue 100     60,202 fl. vue
fl. vue 100     206,06 fr. esp.
```

$$x = 124{,}052$$

à St-Pétersbourg

```
fr. esp. x        100 rm. vue
rm. vue 267,795   100 r. vue
r. vue 100        327,273 fr. esp.
```

$$x = 122{,}210$$

à Bruxelles

fr. esp. x 100 rm. vue
rm. vue 100   123,35 fr. B. vue
fr. B. vue 100   99 $^{15}/_{16}$ fr. esp.

$$x = 123,273$$

à Bâle

fr. esp. x 100 rm. vue
rm. vue 100   124,495 fr. S. vue
fr. S. vue 100   99 $^{15}/_{16}$ fr. esp.

$$x = 124,417$$

Liste des Prix de Revient ou de Vente du Berlin

à Paris 123,611
à Amsterdam 123,055
à Vienne 124,052
à St-Pétersbourg 122,210
à Bruxelles 123,273
à Bâle 124,417

Choix des Parités

D'après les parités ci-dessus, nous choisirions :
Pour acheter du papier sur Berlin,
     La place de St-Pétersbourg 122,210
Et pour vendre des traites sur Berlin,
     La place de Bâle 124,417

Prix de Revient ou de Vente du Papier sur Vienne

PREMIER MOYEN

à Paris

COMME TERME DE COMPARAISON

fr. esp. x 100 fl. esp.
fl. esp. 99   100 fl. 3 m.
fl. 3 m. 100   204 fr. esp.

$$x = 206,061$$

à Londres

```
      fr. esp. x      100 fl. esp.
   fl. esp. 98 ¾      100 fl. 3 m.
 fl. 3 m. 12,32 ½     1 l. st. esp.
    l. st. esp. 100   100 l. st. vue
     l. st. vue 1     25,215 fr. esp.
```

$$x = 207,174$$

à Amsterdam

```
       fr. esp. x        100 fl. esp.
    fl. esp. 98 ¾        100 fl. 3 m.
     fl. 3 m. 100        97 fl. P. B. esp.
  fl. P. B. esp. 99      100 fl. P. B. 3 m.
 fl. P. B. 3 m. 100      207 fr. esp.
```

$$x = 205,385$$

à Berlin

```
      fr. esp. x        100 fl. esp.
   fl. esp. 99 ⁸/₉      100 fl. 8 jours
  fl. 8 jours 100       165 ½ rm. esp.
    rm. esp. 99         100 rm. 3 m.
   rm. 3 m. 100         122,375 fr. esp.
```

$$x = 204,804$$

à St-Pétersbourg

```
      fr. esp. x       100 fl. esp.
   fl. esp. 98 ¾       100 fl. 3 m.
    fl. 3 m. 163       100 r. esp.
     r. esp. 99        100 r. 3 m.
     r. 3 m. 100       324 fr. esp.
```

$$x = 203,322$$

à Bruxelles

```
      fr. esp. x         100 fl. esp.
  fl. esp. 99 ¹⁹/₂₄      100 fl. 15 jours
 fl. 15 jours 100        207 fr. B. esp.
  fr. B. esp. 100        100 fr. B. vue
  fr. B. vue 100         99 ¹⁵/₁₆ fr. esp.
```

$$x = 207,302$$

à Bâle

fr. esp. x 100 fl. esp.
fl. esp. 98 ¾   100 fl. 3 m.
fl. 3 m. 100   206 ½ fr. S. esp.
fr. S. esp. 100   100 fr. S. vue
fr. S. vue 100   99 $^{15}/_{16}$ fr. esp.

$$x = 208,983$$

Prix de Revient ou de Vente du Papier sur Vienne

DEUXIÈME MOYEN

à Paris

COMME TERME DE COMPARAISON

fr. esp. x 100 fl. vue
fl. vue 100   206,061 fr. esp.

$$x = 206,061$$

à Londres

fr. esp. x 100 fl. vue
fl. vue 12,1709   1 l. st. vue
l. st. vue 1   25,215 fr. esp.

$$x = 207,174$$

à Amsterdam

fr. esp. x 100 fl. vue
fl. vue 100   98,228 fl. P.B. vue
fl. P.B. vue 100   209,09 fr. esp.

$$x = 205,385$$

à Berlin

fr. esp. x 100 fl. vue
fl. vue 100   165,684 rm. vue
rm. vue 100   123,611 fr. esp.

$$x = 204,804$$

à St-Pétersbourg

fr. esp. x 100 fl. vue
fl. vue 160,96 ¼   100 r. vue
r. vue 100   327,272 fr. esp.

$$x = 203,322$$

à Bruxelles

fr. esp. x 100 fl. vue
fl. vue 100   207,432 fr. B. vue
fr. B. vue 100   99 ¹⁶/₁₆ fr. esp.

$$x = 207,302$$

à Bâle

fr. esp. x 100 fl. vue
fl. vue 100   209,114 fr. S. vue
fr. S. vue 100   99 ¹⁵/₁₆ fr. esp.

$$x = 208,983$$

Liste des Prix de Revient ou de Vente du Vienne

à Paris........................	206,061
à Londres....................	207,174
à Amsterdam...............	205,385
à Berlin.......................	204,804
à St-Pétersbourg..........	203,322
à Bruxelles..................	207,302
à Bâle.........................	208,983

Choix des Parités.

D'après les parités ci-dessus nous choisirions :
Pour acheter du papier sur Vienne,
     La place de St-Pétersbourg............ 203,322
Et pour vendre des traites sur Vienne,
     La place de Bâle............................ 208,983

2° PRIX DE REVIENT OU DE VENTE DES MATIÈRES D'OR ET D'ARGENT

Les prix de revient ou de vente des matières métalliques peuvent se faire dans les mêmes conditions que ceux des changes ; ils peuvent aussi avoir pour but la spéculation.

Pour le prix de revient, l'opération consiste à acheter à Paris des valeurs actives sur une place étrangère, à les envoyer à un correspondant de cette place chargé de les négocier ou de les encaisser, et d'employer le produit obtenu en achat d'or ou d'argent qu'il adressera au donneur d'ordre de Paris.

Pour le prix de vente, il s'agirait de faire vendre des matières d'or ou d'argent adressées de Paris dans une place étrangère, et de se rembourser des espèces encaissées en traites sur l'exécuteur d'ordre, qui seraient négociées à Paris.

Lorsqu'on fait à Paris les arbitrages du prix de revient ou de vente de l'or ou de l'argent acheté ou vendu dans différentes places, c'est afin de comparer entre elles toutes les parités obtenues, et de choisir la plus avantageuse pour l'achat ou pour la vente.

Rien n'empêcherait d'employer dans ces arbitrages, comme dans ceux des changes, la base des changes de la place de l'exécuteur d'ordre ; mais il est plus naturel et plus habituel de prendre pour base, à Paris, le kilogramme de métal à 1000/1000.

Nous allons calculer les prix de revient ou de vente de l'or et de l'argent en barre à Paris, d'abord, comme terme de comparaison, ensuite à Londres, à Amsterdam, à Berlin et à Vienne.

Nos exemples, dont les éléments se trouvent dans les cotes que nous avons produites, de la page 27 à la page 34 inclusivement, suffiront grandement à exercer à cette sorte d'arbitrage sans que nous ayons à expliquer les nouvelles conjointes.

Prix de Revient ou de Vente de l'Or en barre

à Paris

COMME TERME DE COMPARAISON

fr. esp. x	1 k° 1000/1000
k° 1000/1000 1	3434,44 fr. év.
fr. év. 1000	1001 fr. esp.

$$x = 3437,874$$

à Londres

```
     fr. esp. x       1 k⁰ 1000/1000
   k⁰ 1000/1000 1     1000 gr. 1000/1000
gr. 1000/1000 373,242 12 on. 24/24 ou 12/12
     on. 12/12 11     12 on. 11/12
     on. 11/12 1      3.17.9 l. st. esp. ou vue
     l. st. vue 1     25,215 fr. esp.
```

$$x = 3438,022$$

à Amsterdam

```
     fr. esp. x       1 k⁰ 1000/1000
   k⁰ 1000/1000 1     1442,60 fl. év.
     fl. év. 100      114 ¼ fl. esp. ou vue
     fl. vue 100      209,091 fr. esp.
```

$$x = 3446,176$$

à Berlin

```
     fr. esp. x       1 k⁰ 1000/1000
   k⁰ 1000/1000 1     2 liv. 1000/1000
  liv. 1000/1000 1    1392 rm. esp. ou vue
     rm. vue 100      123,611 fr. esp.
```

$$x = 3441,33$$

Liste des Prix de Revient ou de Vente de l'Or en barre

à Paris...................................... 3437,874
à Londres................................... 3438,022
à Amsterdam............................... 3446,176
à Berlin..................................... 3441,330

Choix des Parités

D'après les parités ci-dessus nous choisirions :
Pour acheter de l'or en barre,
    La place de Paris........................... 3437,874
Et pour vendre de l'or en barre,
    La place d'Amsterdam................... 3446,176

Prix de Revient ou de Vente de l'Argent en barre

à Paris

COMME TERME DE COMPARAISON

fr. esp. x	1 k° 1000/1000
k° 1000/1000 1	218,89 fr. év.
fr. év. 1000	860 fr. esp.

$$x = 188,245$$

à Londres

fr. esp. x	1 k° 1000/1000
k° 1000/1000 1	1000 gr. 1000/1000
gr. 1000/1000 373,242	12 on. 12/12
on. 12/12 11,1	12 on. 11,1/12
on. 11,1/12 1	52 9/16 d. st. esp.
d. st. esp. 240	1 l. st. esp. ou vue
l. st. vue 1	25,215 fr. esp.

$$x = 191,943$$

à Amsterdam

fr. esp. x	1 k° 1000/1000
k° 1000/1000 1	90 fl. esp. ou vue
fl. vue 100	209,091 fr. esp.

$$x = 188,182$$

à Berlin

fr. esp. x	1 k° 1000/1000
k° 1000/1000 1	2 liv. 1000/1000
liv. 1000/1000 1	78 rm. esp. ou vue
rm. vue 100	123,611 fr. esp.

$$x = 192,833$$

à Vienne

fr. esp x	1 k° 1000/1000
k° 1000/1000 1	1000 gr. 1000/1000
gr. 1000/1000 500	45 fl. arg.
fl. arg. 100	102,40 fl. esp. ou vue
fl. vue 100	206,061 fr. esp.

$$x = 189,906$$

*Liste des Prix de Revient ou de Vente
de l'Argent en barre*

à Paris... 188,245
à Londres... 191,943
à Amsterdam..................................... 188,182
à Berlin.. 192,833
à Vienne.. 189,906

Choix des Parités

D'après les parités ci-dessus nous choisirions :
    Pour acheter de l'argent en barre,
        La place d'Amsterdam 188,182
Et pour vendre de l'argent en barre,
        La place de Berlin................ 192,833.

3º PRIX DE REVIENT OU DE VENTE
DES FONDS D'ÉTATS

En calculant le prix de revient ou de vente des fonds d'Etats achetés ou négociés à l'étranger, on se propose de le comparer avec le cours de la cote de Paris, de même que ceux des changes et des matières d'or et d'argent.

Tous les prix de revient et de vente se traitent de la même manière, à cela près que pour les changes on se sert de la base du papier, que pour l'or ou l'argent on prend pour base le kilogramme de matière pure, et que pour les fonds d'Etats la base est celle de la rente ou du capital nominal 100.

On pourrait faire ce dernier arbitrage en francs comme les autres, mais, pour plus de facilité et de rapidité, on le fait dans la monnaie des titres, ainsi du reste que le cours est exprimé à Paris et dans les autres places cambistes.

Par conséquent, pour les titres qui ne sont pas exprimés en francs ou en lire, il faudra convertir les francs dans la monnaie de ces titres, au moyen des changes fixes de Paris.

Quelques exemples suffiront pour éclaircir cette dernière question des prix de revient ou de vente, qui se trouve déjà beaucoup simplifiée par la connaissance des deux premières.

A cet effet, nous allons calculer les prix de revient ou de vente des cinq fonds d'Etats qui suivent, dans les places où ils sont cotés et dont nous avons donné les cours, savoir :

Le 5 0/0 Italien, à Paris, à Londres, à Amsterdam et à Berlin ;

Le 5 0/0 Autrichien argent, à Paris, à Londres, à Amsterdam, à Francfort, à Vienne et à Bruxelles ;

Le 4 1/2 0/0 Russe 1875, à Paris, à Londres, à Amsterdam et à Anvers ;

Le 5 0/0 Américain, à Paris, à Londres, à Amsterdam, à Berlin et à Bruxelles ;

Le 3 0/0 Espagnol extérieur, à Paris, à Londres, à Amsterdam, à Francfort et à Bruxelles.

Nous supposerons toujours que les arbitrages sont faits *le* 30 *septembre* et, afin de faciliter le calcul des intérêts, nous rappellerons cette époque et la jouissance de chacun des cinq fonds d'Etats avant de poser les conjointes.

Prix de Revient ou de Vente du 5 % Italien

Epoque du 30 Septembre — Jouissance du 1er Juillet

à Paris

COMME TERME DE COMPARAISON

$$x = 74,10 \text{ lire}$$

à Londres

lir. év. x	100 lir. cap.
lir. cap. 100	73 3/8 lir. év.
lir. év. 25	1 l. st. — ch. f. –
l. st. vue 1	25,215 fr. esp. ou lir. év.

$$x = 74,006 \text{ lire}$$

à Amsterdam

lir. év. x	100 lir. cap.
lir. cap. 100	70 7/8 (69 5/8 + 5/4) lir. év.
lir. év. 2	1 fl. — ch. f. —
fl. vue 100	209,091 fr. esp. ou lir. év.

$$x = 74,09 \; 2/3 \text{ lire}$$

à Berlin

```
lir. év. x      100 lir. cap.
lir. cap. 100   74,55 (73,80 + ⁵/₄) lir. év.
lir. év. 100    80 rm. — ch. f. —
rm. vue 100     123,611 fr. esp. ou lir. év.
```

$$x = 73,722 \text{ lire}$$

Liste des Prix de Revient ou de Vente du 5 % Italien

à Paris.............. 74,10
à Londres.................... 74,006
à Amsterdam.............. .... 74,09 ²/₃
à Berlin.................... 73,722

Choix des Parités

D'après les parités ci-dessus nous choisirions :
Pour acheter du 5 % Italien,
La place de Berlin........ 73,722
Et pour vendre du 5 % Italien,
La place de Paris................... 74,10

Prix de Revient ou de Vente du 5 % Autrichien argent

Epoque du 30 Septembre — Jouissance du 1ᵉʳ Juillet

à Paris

COMME TERME DE COMPARAISON

$$x = 57 \ 1/2 \text{ florins d'Autriche}$$

à Londres

```
fl. év. x       100 fl. cap.
fl. cap. 100    57 ½ fl. év.
fl. év. 10      1 l. st. — ch. f. —
l. st. vue 1    25,215 fr. esp.
fr. esp. 2,50   1 fl. év. — ch. f. —
```

$$x = 57,99 \ 1/2 \text{ florins d'Autriche}$$

14

à Amsterdam

fl. év. x 100 fl. cap.
fl. cap. 100 57 (55 ¾ + ⁵/₄) fl. év.
fl. év. 10 12 fl. P. B. — ch. f. —
fl. P. B. vue 100 209,091 fr. esp.
fr. esp. 2,50 1 fl. év. — ch. f. —

$x = 57,207$ florins d'Autriche

à Francfort

fl. év. x 100 fl. cap.
fl. cap. 100 58,67 ½ (57 ⅝ + 1,05) fl. év.
fl. év. 1 2 rm. — ch. f. —
rm. vue 100 123,611 fr. esp.
fr. esp. 2,50 1 fl. év. — ch. f. —

$x = 58,023$ florins d'Autriche

à Vienne

fl. év. x 100 fl. cap.
fl. cap. 100 69,85 (68,80 + 1,05) fl. év.
fl. vue 100 206,06 fr. esp.
fr. esp. 2,50 1 fl. év. — ch. f. —

$x - 57,573$ florins d'Autriche

à Bruxelles

fl. év. x 100 fl. cap.
fl. cap. 100 57 ¼ (56 + 1 ¼) fl. év.
fl. év. 1 2,50 fr. B. — ch. f. —
fr. B. vue 100 99 ¹⁵/₁₆ fr. esp.
fr. esp. 2,50 1 fl. év. — ch. f. —

$x = 57,214$ florins d'Autriche

Liste des Prix de Revient ou de Vente du 5 %
Autrichien argent

à Paris	57 ½
à Londres	57,99 ½
à Amsterdam	57,207
à Francfort	58,023
à Vienne	57,573
à Bruxelles	57,214

Choix des Parités

D'après les parités d'autre part nous choisirions :
Pour acheter du 5 % Autrichien argent,
La place d'Amsterdam........................ 57,207
Et pour vendre du 5 % Autrichien argent,
La place de Francfort........................ 58,023

Prix de Revient ou de Vente du 4 ½ % Russe 1875

Epoque du 30 Septembre — Jouissance du 1er Avril

à Paris

COMME TERME DE COMPARAISON

$x = 87\ 1/4$ livres sterling

à Londres

l. st. év. x	100 l. st. cap.
l. st. cap. 100	85 ¾ l. st. év.
l. st. vue 1	25,215 fr. esp.
fr. esp. 25,20	1 l. st. év. — ch. f. —

$x = 85,801$ livres sterling

à Amsterdam

l. st. év. x	100 l. st. cap.
l. st. cap. 100	87 ½ (85 ¼ + 2 ¼) l. st. év.
l. st. év. 1	12 fl. — ch. f. —
fl. vue 100	209,091 fr. esp.
fr. esp. 25,20	1 l. st. év. — ch. f. —

$x = 87,121$ livres sterling

à Anvers

l. st. év. x	100 l. st. cap.
l. st. cap. 100	88 ½ (86 ¼ + 2 ¼) l. st. év.
l. st. év. 1	25,40 fr. B. — ch. f. —
fr. B. vue 100	99 ¹⁵/₁₆ fr. esp.
fr. esp. 25,20	1 l. st. év. — ch. f. —

$x = 89,147$ livres sterling

*Liste des Prix de Revient ou de Vente
du 4 ½ % Russe 1875*

à Paris...................................... 87,250
à Londres.. 85,801
à Amsterdam.. 87,121
à Anvers.. 89,147

Choix des Parités

D'après les parités ci-dessus nous choisirions :
Pour acheter du 4 ½ % Russe 1875,
    La place de Londres............................. 85,801
Et pour vendre du 4 ½ % Russe 1875,
    La place d'Anvers................................. 89,147

Prix de Revient ou de Vente du 5 % Américain

Époque du 30 Septembre — Jouissance du 1er Août

à Paris

COMME TERME DE COMPARAISON

$$x = 108\ ^3/_4 \text{ dollars}$$

à Londres

dol. év. x	100 dol. cap.
dol. cap. 100	107 $^{15}/_{16}$ dol. év.
dol. év. 1	4 sh. — ch. f. —
sh. esp. 20	1 l. st. esp.
l. st. vue 1	25,215 fr. esp.
fr. esp. 5	1 dol. év. — ch. f. —

$$x = 108,866 \text{ dollars}$$

à Amsterdam

dol. év. x	100 dol. cap.
dol. cap. 100	104 $^7/_{12}$ (103 ¾ + $^5/_6$) dol. év.
dol. év. 1	2 ½ fl. — ch. f. —
fl. vue 100	209,091 fr. esp.
fr. esp. 5	1 dol. év. — ch. f. —

$$x = 109,337 \text{ dollars}$$

à Berlin

dol. év. x	100 dol. cap.
dol. cap. 100	103 $^{6}/_{15}$ (102,70 $+$ $^{5}/_{6}$) dol. év.
dol. év. 1	4,25 rm. — ch. f. —
rm. vue 100	123,611 fr. esp.
fr. esp. 5	1 dol. év. — ch. f. —

$$x = 108,782 \text{ dollars}$$

à Bruxelles

dol. év. x	100 dol. cap.
dol. cap. 100	102 $^{5}/_{6}$ (102 $+$ $^{5}/_{6}$) dol. év.
dol. év. 1	5,40 fr. B. — ch. f. —
fr. B. vue 100	99 $^{15}/_{16}$ fr. esp.
fr. esp. 5	1 dol. év. — ch. f. —

$$x = 110,991 \text{ dollars}$$

Liste des Prix de Revient ou de Vente du 5 % Américain

à Paris	108,750
à Londres	108,866
à Amsterdam	109,337
à Berlin	108,782
à Bruxelles	110,991

Choix des Parités

D'après les parités ci-dessus nous choisirions :

Pour acheter du 5 °/₀ Américain,

La place de Paris 108,750

Et pour vendre du 5 °/₀ Américain,

La place de Bruxelles 110,991

Prix de Revient ou de Vente du 3 % Espagnol extérieur

Epoque du 30 Septembre. — Jouissance du 1er Juillet

à Paris

COMME TERME DE COMPARAISON

$$x = 14,25 \text{ piastres}$$

14.

à Londres

p. év. x 100 p. cap.
p. cap. 100   14 ⅛ p. év.
p. év. 1   51 d. st. — ch. f. —
d. st. 240   1 l. st. esp.
l. st. vue 1   25,215 fr. esp.
fr. esp. 5,40   1 p. év. — ch. f. —

$$x = 14,016 \text{ piastres}$$

à Amsterdam

p. év. x 100 p. cap.
p. cap. 100   14 $^9/_{16}$ (13 $^{13}/_{16}$ + ¾) p. év.
p. év. 1   2 ½ fl. — ch. f. —
fl. vue 100   209,091 fr. esp.
fr. esp. 5,40   1 p. év. — ch. f. —

$$x = 14,097 \text{ piastres}$$

à Francfort

p. év. x 100 p. cap.
p. cap. 100   14 ½ (13 ¾ + ¾) p. év.
p. év. 1   4,25 rm. — ch. f. —
rm. vue 100   123,611 fr. esp.
fr. esp. 5,40   1 p. év. — ch. f. —

$$x = 14,106 \ 1/2 \text{ piastres}$$

à Bruxelles

p. év. x 100 p. cap.
p. cap. 100   13 ½ p. év.
p. év. 1   5,40 fr. B. — ch. f. —
fr. B. vue 100   99 $^{15}/_{16}$ fr. esp.
fr. esp. 5,40   1 p. év. — ch. f. —

$$x = 13,491 \ 1/2 \text{ piastres}$$

Liste des Prix de Revient ou de Vente du 3 % Espagnol extérieur

à Paris.. 14,25
à Londres 14,016
à Amsterdam.................................. 14,097
à Francfort...................................... 14,106 ¹/₂
à Bruxelles...................................... 13,491 ¹/₂

Choix des Parités.

D'après les parités d'autre part nous choisirions :
Pour acheter du 3 % Espagnol extérieur,
    La place de Bruxelles.......................... 13,491 ½
Et pour vendre du 3 % Espagnol extérieur,
    La place de Paris............ 14,25

ORDRES DE BANQUE

L'ordre de banque est un prix de revient à part, qui ne peut pas servir de prix de vente, et qui est soumis à des conditions tout autres que ceux que nous avons déjà étudiés.

Dans l'ordre de banque, ce n'est plus le donneur d'ordre, mais bien l'exécuteur d'ordre qui fait l'arbitrage, parce qu'il achète avec ses propres fonds, qu'il est libre d'accepter ou de refuser l'opération, et qu'il profite du bénéfice, comme il supporterait la perte qui pourrait en résulter.

Il est vrai que celui qui donne ou plutôt propose un ordre a dû se rendre compte à l'avance de la possibilité de le faire accepter.

L'ordre de banque est plus expéditif que le prix de revient proprement dit, c'est-à-dire contre couverture ; aussi les négociants qui ont des comptes ouverts à l'étranger lui donnent-ils la préférence.

Ce que nous venons d'énoncer sera mieux compris, si, au risque de nous répéter, nous mettons les deux opérations en parallèle, afin d'en faire ressortir la différence.

Dans les prix de revient ordinaires, le donneur d'ordre commence par acheter sur sa place des valeurs de la place de l'exécuteur d'ordre qui les vend, et se sert du produit de sa négociation pour acheter *à couvert* les valeurs demandées.

Dans les ordres de banque, c'est l'exécuteur d'ordre qui commence par acheter sur sa place *à découvert* les valeurs demandées, pour se rembourser ensuite de ses avances, en fournissant sur son donneur d'ordre des traites qu'il vend au cours de sa place.

Le donneur d'ordre indique le prix d'évaluation, en monnaie de sa place, des valeurs qu'il désire se procurer. Si, par exemple, un négociant de Paris avait besoin de papier sur Amsterdam, et qu'il voulût en faire acheter à Vienne, il pourrait l'évaluer d'après le cours de Paris, — ce qui reviendrait à prendre la parité de la cote d'Amsterdam chiffrée à Paris, — ou à un prix moins élevé, si cela était possible.

C'est ce prix déterminé par le donneur d'ordre qu'on appelle dans les ordres de banque *la limite*.

Donc, la limite est pour l'exécuteur d'ordre le prix d'évaluation ou de *vente*, en monnaie de la place du donneur d'ordre, des valeurs achetées.

Le correspondant de Vienne, qui exécuterait l'ordre du négociant de Paris d'acheter du papier sur Amsterdam d'après la limite 209,09 francs pour 100 florins courants, aurait droit à une traite de 209090 francs, s'il avait acheté 100000 florins courants à vue.

Quant au prix d'achat de l'Amsterdam et au prix de vente du Paris, c'est dans la cote de la place de Vienne, celle de l'exécuteur d'ordre, qu'il faudrait les chercher.

D'après ce qui précède les ordres de banque se composent de trois éléments :

1° La limite ou évaluation en monnaie de la place du donneur d'ordre,

2° Le prix d'achat des valeurs demandées,

3° Le prix de vente des traites.

Par conséquent, l'exécuteur d'ordre *achète* les valeurs demandées, les évalue ou les *vend* au donneur d'ordre, en monnaie de la place de ce dernier, sous la forme de traites, et *vend* lui-même, dans sa place, les traites qu'il a fournies.

Pour les arbitrages des ordres de banque on a l'habitude de ramener tous les cours à vue.

A Paris, on distingue deux sortes d'ordres de banque : les *Ordres de l'étranger* et les *Ordres de Paris*. Les premiers sont ceux des correspondants étrangers et les derniers sont ceux qui proviennent de la place de Paris.

Les arbitrages des ordres de banque consistent à supprimer le terme variable du rapport qui représente le prix de vente des traites et à en chercher un autre qui soit en parfaite harmonie avec le rapport de la limite et le rapport du prix d'achat. Le prix de vente ainsi trouvé s'appelle *rémunérateur*, c'est-à-dire un prix tel, que si l'exécuteur d'ordre achetait les valeurs au cours de sa place, qu'il les évaluât d'après la limite reçue et qu'il vendît ses traites au prix de vente résultant des arbitrages, il n'y aurait pour lui ni bénéfice ni perte à se charger de l'opération.

Dès lors, il compare le prix trouvé avec le prix réel, et si ce dernier est avantageux, il acceptera l'ordre ; dans le cas inverse, il le refusera.

Dans les affaires, l'arbitrage de la vente des traites est le seul que l'on emploie. Dans notre premier exemple nous ferons aussi l'arbitrage du prix d'achat et celui de la limite, de telle sorte que nous indiquerons trois moyens d'apprécier les ordres de banque, et cela nous fournira l'occasion d'expliquer plus amplement l'opération et de ne laisser aucun doute sur la mise en pratique des ordres de banque.

L'arbitrage se fait sur les bases, sans considération du montant de la valeur à acheter.

EXEMPLES D'ORDRES DE BANQUE

1º ORDRE D'AMSTERDAM PROPOSÉ A PARIS D'ACHETER 10000 ROUBLES SUR ST-PÉTERSBOURG

Données supposées

Limite ou évaluation en florins des Pays-Bas 100 r. = 157 fl.
Prix d'achat du Pétersbourg.......................... 100 r. = 327 fr.
Prix de vente des traites sur Amsterdam.... 100 fl. = 210 fr.

Explication

L'opération se fait à Paris ; elle consiste :
1º à acheter à Paris du Pétersbourg à......... 327 fr. les 100 r.
2º à évaluer à Paris les roubles achétés à... 157 fl. les 100 r.
3º à vendre à Paris la traite sur Amsterdam à 210 fr. les 100 fl.

1er MOYEN — LE SEUL EN USAGE

Arbitrage du prix de vente des traites sur Amsterdam

Conjointe

fr. x 100 fl.
fl. 157   100 r.
r. 100   327 fr.

Signification de la conjointe

1° Je cherche combien de francs il faudrait encaisser en vendant une traite de 100 florins pour qu'il n'y eût ni bénéfice ni perte dans l'opération, c'est-à-dire pour qu'il y eût harmonie dans la vente avec l'achat et avec l'évaluation ou limite ;

2° Sachant que 157 florins sont l'évaluation de 100 roubles,

3° Et que 100 roubles coûtent 327 francs.

Parité

$$x = 208,28$$

Signification de la parité

Cette parité prouve que si l'on vendait à Paris une traite de 100 florins au cours à vue de 208,28 francs, on pourrait y acheter 100 roubles au cours à vue de 327 francs, et évaluer ces 100 roubles au cours à vue de 157 florins, sans qu'il y eût ni bénéfice ni perte dans l'opération.

Raisonnement

D'après l'arbitrage du prix de vente des traites on a vu que le prix de 208,28 francs serait strictement rémunérateur, dans ce sens qu'il suffirait de les vendre à ce cours pour rentrer dans ses avances.

Or, d'après le cours réel on peut les vendre.......... 210, » fr.

Si de cette somme on retranche :

Le cours arbitré... 208,28 fr.

Le reste.................................... 1,72 fr.

exprimera le bénéfice à réaliser sur 100 florins.

Détermination du bénéfice sur l'opération

fr. bén.	x	10000 r.
r. 100		157 fl.
fl. 100		1,72 fr. bén.

$$x = 270,04 \ \text{fr.}$$

Preuve par l'opération simulée

Si l'on évalue, d'après la limite, les 10000 roublès en florins, on aura : $\frac{157 \times 10000}{100} = 15700$ florins.

La vente, à Paris, de la traite de 15700 florins produirait $\frac{210 \times 15700}{100} =$ .... 32970 fr.

Et l'achat, à Paris, des 10000 roubles aurait fait dépenser $\frac{327 \times 10000}{100} =$ .... 32700 fr.

Excédant de la vente sur l'achat............ 270 fr.

Quant à la différence de 4 centimes, qui existe entre le bénéfice réel de 270 francs et le bénéfice arbitré de 270,04 francs, elle n'a aucune importance et n'est pas considérée dans la pratique. On l'aurait du reste facilement évitée en poussant l'arbitrage à 5 décimales, car on aurait eu 208,28025, d'où 210 — 208,28025 = 1,71975, et 1,71975 $\times$ 157 = 270.

2ᵉ MOYEN — INUSITÉ DANS LA PRATIQUE

Arbitrage du prix d'achat du papier sur St-Pétersbourg

Conjointe

fr. x 100 r.
r. 100   157 fl.
fl. 100   210 fr.

Signification de la conjointe

1° Je cherche combien de francs on pourrait dépenser en achetant 100 roubles en papier sur St-Pétersbourg sans qu'il y eût ni bénéfice ni perte dans l'opération, c'est-à-dire pour qu'il y eût harmonie de l'achat avec l'évaluation ou limite et avec la vente des traites ;

2° Sachant que 100 roubles sont évalués 157 florins,

3° Et que 100 florins sont vendus 210 francs.

Parité

$$x = 329,70$$

Signification de la parité

Cette parité prouve que, si l'on dépensait à Paris 329,70 francs pour acheter 100 roubles à vue, on pourrait accepter l'évaluation de 157 florins pour ces 100 roubles à vue et vendre une traite de 157 florins au cours à vue de 210 francs, sans qu'il y eût ni bénéfice ni perte dans l'opération.

Raisonnement

D'après l'arbitrage du prix d'achat du Pétersbourg, on a vu qu'on rentrerait dans ses dépenses en le payant........ 329,70 fr.

Or, comme, d'après le cours, il ne coûtera réellement que.. 327, » fr.

Le reste................ .... 2,70 fr

exprime le bénéfice à réaliser sur 100 roubles.

Détermination du bénéfice sur l'opération

$$\text{fr. bén. } x \qquad 10000 \text{ r.}$$
$$\text{r. 100} \qquad 2,70 \text{ fr. bén.}$$
$$x = 270 \text{ fr.}$$

Preuve par l'opération simulée

Comme, pour le 2e et le 3e moyen, cette preuve serait exactement la même que celle qui a été donnée pour le 1er moyen, il est inutile de la reproduire.

3e MOYEN — INUSITÉ DANS LA PRATIQUE

Arbitrage de la limite

Conjointe

$$\text{fl. } x \qquad 100 \text{ r.}$$
$$\text{r. 100} \qquad 327 \text{ fr.}$$
$$\text{fr. 210} \qquad 100 \text{ fl.}$$

Signification de la conjointe

1° Je cherche à combien de florins il faudrait qu'on évaluât 100 roubles pour qu'il n'y eût ni bénéfice ni perte dans l'opération, c'est-à-dire pour qu'il y eût harmonie dans la limite ou évaluation avec l'achat et avec la vente ;

2° Sachant que 100 roubles coûtent 327 francs,

3° Et que 210 francs sont le prix de 100 florins.

Parité

$$x = 155,71428$$

Signification de la parité

Cette parité prouve que, si Amsterdam évaluait 100 roubles d'après une limite de 155,71428 florins, on pourrait acheter à Paris 100 roubles au cours à vue de 327 francs et vendre 100 florins au cours à vue de 210 francs, sans qu'il y eût ni bénéfice ni perte dans l'opération.

Raisonnement

D'après les données supposées, la limite est de.... 157, »   fl.
D'après l'arbitrage il suffirait qu'elle fût de .... 155,71428 fl.

L'excédant .... 1,28572 fl.

exprime le bénéfice à réaliser sur 100 roubles.

Détermination du bénéfice sur l'opération

```
fr. bén. x    10000 r.
    r. 100    1,28572 fl. bén.
fl. bén. 100   210 fr.
```

$$x = 270 \text{ fr.}$$

2° ORDRE DE HAMBOURG PROPOSÉ A PARIS D'ACHETER 50000 FLORINS SUR AMSTERDAM

Données supposées

Limite ou évaluation en reichsmarcks.. 100 fl. = 171 rm.
Prix d'achat de l'Amsterdam................. 100 fl. = 209 fr.
Prix de vente des traites sur Hambourg 100 rm.= 124 fr.

Explication

L'opération se fait à Paris ; elle consiste :

1º à acheter à Paris de l'Amsterdam à.. 209 fr. les 100 fl.
2º à évaluer à Paris les florins achetés à.. 171 rm. les 100 fl.
3º à vendre à Paris la traite sur
Hambourg à.................................. 124 fr. les 100 rm.

Arbitrage du prix de Vente des traites sur Hambourg

Conjointe

fr. x	100 rm.
rm. 171	100 fl.
fl. 100	209 fr.

Signification de la conjointe

1º Je cherche combien de francs il faudrait encaisser en vendant une traite de 100 reichsmarks pour qu'il n'y eût ni bénéfice ni perte dans l'opération, c'est-à-dire pour qu'il y eût harmonie dans la vente avec l'achat et avec l'évaluation ou limite ;

2º Sachant que 171 reichsmarks sont l'évaluation de 100 florins,

3º Et que 100 florins coûtent 209 francs.

Parité

$$x = 122,22\ldots$$

Signification de la parité

Cette parité prouve que si l'on vendait à Paris une traite de 100 reichsmarks au cours à vue de 122,22 .... francs, on pourrait y acheter 100 florins au cours à vue de 209 francs et évaluer ces 100 florins au cours à vue de 171 reichsmarks sans qu'il y eût ni bénéfice ni perte dans l'opération.

Raisonnement

D'après l'arbitrage du prix de vente des traites, on a vu que le prix de 122,22 . . . . francs serait strictement rémunérateur, dans ce sens qu'il suffirait de les vendre à ce cours pour rentrer dans ses avances.

Or, d'après le cours réel on peut les vendre.. **124,** »   fr.

Si de cette somme on retranche :

Le cours arbitré..: **122,22. . . .** fr.

Le reste ....   **1,77. . . .** fr.

exprimera le bénéfice à réaliser sur 100 reichsmarks.

Détermination du bénéfice sur l'opération

fr. bén. x 50000 fl.
fl. 100   171 rm.
rm. 100   1,77... fr. bén.

$$x = 1520 \text{ fr.}$$

Preuve par l'opération simulée

Si l'on évalue, d'après la limite, les 50000 florins en reichsmarks, on aura : $\frac{171 \times 50000}{100} = 85500$ reichsmarks.

La vente, à Paris, de la traite de 85500 reichsmarks produirait $\frac{124 \times 85500}{100} =$ .... 106020 fr.

Et l'achat, à Paris des 50000 florins aurait fait dépenser $\frac{209 \times 50000}{100} =$ .... 104500 fr.

Excédant de la vente sur l'achat. ....   1520 fr.

3° ORDRE DE PARIS PROPOSÉ A VIENNE D'ACHETER 2000 LIVRES STERLING SUR LONDRES

Données supposées

Limite ou évaluation en francs........   1 l. st. **=** 25,20 fr.
Prix d'achat du Londres....................   10 l. st. **=** 121,80 fl.
Prix de vente des traites sur Paris......   100 **fr.** **=** 50, » fl.

Explication

L'opération se fait à Vienne ; elle consiste :
1° à acheter à Vienne du Londres à ...... 121,80 fl. les 10 l. st.
2° à évaluer à Vienne les l. st. achetées à 25,20 pour 1 l. st.
3° à vendre à Vienne la traite sur Paris à 50 fl. les 100 fr.

Arbitrage du prix de vente des traites sur Paris

Conjointe

fl. x 100 fr.
fr. 25,20 1 l. st.
l. st. 10 121,80 fl.

Signification de la conjointe

1° Je cherche combien de florins il faudrait encaisser en vendant une traite de 100 francs pour qu'il n'y eût ni bénéfice ni perte dans l'opération, c'est-à-dire pour qu'il y eût harmonie dans la vente avec l'achat et avec l'évaluation ou limite ;

2° Sachant que 25,20 francs sont l'évaluation de 1 livre sterling,

3° Et que 10 livres sterling coûtent 121,80 florins.

Parité

$$x = 48\,^1/_8$$

Signification de la parité

Cette parité prouve que si l'on vendait à Vienne une traite de 100 francs au cours à vue de 48 $^1/_8$ florins, on pourrait y acheter 10 livres sterling au cours à vue de 121,80 florins, et évaluer 1 livre sterling au cours à vue de 25,20 francs, sans qu'il y eût ni bénéfice ni perte dans l'opération.

Raisonnement

D'après l'arbitrage du prix de vente des traites, on a vu que le prix de 48 $^1/_8$ florins serait strictement rémunérateur, dans ce sens qu'il suffirait de les vendre à ce cours pour rentrer dans ses avances.

Or, d'après le cours réel on peut les vendre............ 50, » fl.

Si de cette somme on retranche :

Le cours arbitré... .... 48 $^1/_2$ fl.

Le reste....... .: .... 1 $^2/_3$ fl.

exprimera le bénéfice à réaliser sur 100 francs.

Détermination du bénéfice sur l'opération

fr. bén. x 2000 l. st.
l. st. 1   25,20 fr.
fr. 100   1 $^2/_3$ fl. bén.

$$x = 840 \text{ fl.}$$

Preuve par l'opération simulée

Si l'on évalue, d'après la limite, les 2000 livres sterling en francs, on aura : $25,20 \times 2000 = 50400$ francs.

La vente, à Vienne, de la traite de 50400 francs produirait

$\frac{50 \times 50400}{100} =$ ...., 25200 fl.

Et l'achat, à Vienne, des 2000 l. st. aurait

fait dépenser $\frac{121,80 \times 2000}{10} =$ .... 24360 fl.

Excédant de la vente sur l'achat..... .... 840 fl.

4° ORDRE DE PARIS PROPOSÉ A LONDRES D'ACHETER
20000 PIASTRES SUR MADRID

Données supposées

Limite ou évaluation en francs............ 100 p. $=$ 502 fr.
Prix d'achat du Madrid .... 1 p. $=$ 48 d. st.
Prix de vente des traites sur Paris...... 1 l.st.   25,20 fr.

Explication

L'opération se fait à Londres ; elle consiste :

1° à acheter à Londres du Madrid à...... 48 d. st. pour 1 p.

2° à évaluer à Londres les p. achetées à 502 fr. les 100 p.

3° à vendre à Londres la traite sur Paris à 25,20 fr. pour 1 l. st.

Arbitrage du prix de vente des traites sur Paris

Conjointe

$$
\begin{array}{lll}
\text{fr.} & x & 1 \text{ l. st.} \\
\text{l. st.} & 1 & 240 \text{ d. st.} \\
\text{d. st.} & 48 & 1 \text{ p.} \\
\text{p.} & 100 & 502 \text{ fr.}
\end{array}
$$

Signification de la conjointe

1° Je cherche combien de francs on pourrait livrer à Londres, en traites sur Paris, pour y encaisser 1 livre sterling, afin qu'il n'y eût ni bénéfice ni perte dans l'opération, c'est-à-dire pour qu'il y eût harmonie dans la vente avec l'achat et avec l'évaluation ou limite ;

2° Sachant que 1 livre sterling équivaut à 240 deniers sterling ;

3° Sachant encore que 48 deniers sterling sont dépensés à Londres pour acheter une piastre,

4° Et que 100 piastres sont évaluées 502 francs, d'après la limite.

Parité

$$x \doteq 25,10$$

Avant de donner la signification de la parité, il convient de faire observer que, dans les trois exemples précédents, les places donnant le variable, la parité inférieure au cours indiquait une opération avantageuse.

En effet, le cours arbitré énonçant l'harmonie et le prix de vente de la cote étant plus élevé, la différence exprimait un excédant de recettes sur les dépenses.

Ici, au contraire, il faut considérer que la place de Londres donnant l'invariable, plus elle aura de francs à livrer pour encaisser une livre sterling, moins la vente sera productive.

Or, la parité démontre que la place de Londres ne rentrerait dans ses avances qu'à la condition de diviser par 25,10 le montant de ses traites pour produire 1 livre sterling, tandis que le cours réel, autrement dit le diviseur inévitable est 25,20.

Donc, l'opération occasionnant une perte de 10 c. chaque fois qu'on diviserait par 25,20 serait rejetée.

Alors la parité doit être interprétée comme ci-dessous.

Signification de la parité

Comme Londres donne l'invariable, cette parité prouve que si, en négociant à Londres une traite sur Paris de 25,10 francs, à vue, on y encaissait 1 livre sterling, on pourrait y acheter 1 piastre au cours à vue de 48 deniers sterling, et accepter la limite de 502 francs pour l'évaluation de 100 piastres, sans qu'il y eût ni bénéfice ni perte dans l'opération.

Raisonnement

Selon le cours de la cote de Londres, le prix de vente du papier sur Paris, à vue, produit 1 livre sterling pour.. 25,20 fr.

Si de cette somme on retranche :

Le cours arbitré .... 25,10 fr.

Le reste................................ .... »,10 fr.

exprimera la perte en francs, telle qu'elle va être appréciée de nouveau par la signification de la conjointe ci-dessous.

Détermination de la perte sur l'opération

Conjointe

```
1. st. perte x    20000 p.
   p. 100         502 fr.
   fr. 25,10      0,10 fr. perte
   fr. perte 25,20  1 l. st. perte
```

$$x = 15.17.6$$

Signification de la conjointe

1° Je cherche combien de livres sterling on perdrait à Londres, si on y achetait 20000 piastres sur Madrid ;

2° Sachant que 100 piastres sont évaluées à Paris 502 francs ;

3° Sachant aussi que 25,20 francs se décomposent en 25,10 francs, prix strictement rémunérateur sans profit, et en 10 centimes de perte ;

4° Sachant enfin qu'une perte de 25,20 francs équivaut à une perte de 1 livre sterling.

Preuve par l'opération simulée

L'achat, à Londres, des 20000 piastres aurait fait dépenser

$\frac{20000 \times 48}{240}$ = ... 4000. ». ». l. st.

Si l'on évalue, d'après la limite, les 20000

piastres en francs, on aura $\frac{502 \times 20000}{100}$ =

100400 francs.

La vente, à Londres, de la traite de

100400 francs, produirait $\frac{100400}{25,20}$ = ... 3984. 2. 6. l. st.

Excédant de l'achat sur la vente.. .... 15.17. 6. l. st.

FRAIS DONT IL FAUT TENIR COMPTE
DANS LES ARBITRAGES

Jusqu'ici, dans la crainte d'apporter quelque confusion dans les questions fondamentales des arbitrages, nous nous sommes abstenu de parler des frais qui modifient les parités et dont il est essentiel de se préoccuper, avant de s'engager dans aucune opération.

Les principaux frais que nous allons examiner sont : le Timbre, le Courtage, le Transport et l'Assurance.

Il restera encore d'autres menus frais de peu d'importance, tels que ports de lettres, gratifications, etc. qui n'influent pas sensiblement sur les arbitrages et que nous négligerons.

Après avoir indiqué les frais essentiels, nous en déterminerons l'influence sur les parités en les ajoutant aux prix d'achat et en les retranchant des prix de vente.

DROITS DE TIMBRE

France

1° *Effets de commerce créés ou payables en France* : 1 ½ °/₀₀

Ce droit de timbre est réglé comme suit d'autre part :

15 centimes pour les effets de 100 fr. et au-dessous.

30 centimes pour ceux de 100 fr. jusqu'à 200 fr.

Et ainsi de suite, en augmentant de 15 centimes par chaque centaine commencée jusqu'à 1000 fr. inclusivement.

Par conséquent le timbre est de :

1,50 fr. pour les effets au-dessus de 900 fr. jusqu'à 1000 fr.

3, » fr. pour ceux au-dessus de 1000 fr, jusqu'à 2000 fr.

4,50 fr. pour ceux au-dessus de 2000 fr. jusqu'à 3000 fr.

Et ainsi de suite, en augmentant de 1 franc, 50 centimes par chaque mille commencé.

2o *Effets tirés de l'étranger sur l'étranger et circulant en France* : $^1/_4$ °/$_{oo}$

Ce droit de timbre est ainsi réglé :

50 centimes par 2000 fr. ou fraction de 2000 fr.

3° *Chèques : 10 et 20 centimes*

Ce droit de timbre est ainsi réglé, sans égard pour l'importance de la somme :

10 centimes pour les chèques tirés sur place,

20 centimes pour ceux tirés de place à place ou tirés hors de France.

4° *Rentes françaises*

Elles sont exemptes de tout droit, si ce n'est en cas de mutation par décès ou par donation.

5° *Actions et Obligations des Sociétés*

1 % du capital nominal plus le double décime pour les Sociétés dont la durée est de plus de 10 ans,

½ % pour celles dont la durée est de moins de 10 ans.

Ce droit est généralement converti en un abonnement annuel de 5 centimes % du capital nominal que les Compagnies payent directement à l'Etat.

6° *Obligations municipales et départementales*

Mêmes droits que pour les Sociétés.

7° *Transmission des titres*

20 centimes % du cours moyen des titres au porteur après déduction des sommes à verser.

15.

50 centimes % du cours de négociation des titres nominatifs, déduction faite des sommes versées.

8° *Bordereaux et comptes de liquidation des Agents de changes*

60 centimes, 1/2 feuille petit papier, par bordereau au comptant jusqu'à 10000 francs ;

1,80 fr. feuille moyen papier, par bordereau au comptant au-dessus de 10000 francs.

1,80 fr. feuille moyen papier, par compte de liquidation.

A ces timbres on ajoute celui de quittance de 10 centimes.

9° *Titres de rentes, emprunts et tous autres effets publics des gouvernements étrangers : 1 1/2 °/₀₀*

Ce droit de timbre est ainsi réglé :
75 centimes pour chaque titre de 500 fr. et au-dessous.
1,50 fr. pour ceux de 500 fr. jusqu'à 1000 fr.
3, » fr. pour ceux au-dessus de 1000 jusqu'à 2000 fr.

Et ainsi de suite, à raison de 1,50 fr. par 1000 fr. ou fraction de 1000 fr. d'évaluation, en monnaie française, de la monnaie étrangère.

Par conséquent, le timbre des rentes ci-dessous est établi de la manière suivante :

3, » francs pour   500 florins capital 5 % autrichien.
4,50   id.   id. 1000   id.   id.   id.
3, » francs pour   50 livres st. capital   ⎧ emprunts russes,
4,50   id.   id. 100   id.   id.   ⎱ turcs ou péruviens.
1,50 francs pour   50 dollars capital emprunts américains.
4.50   id.   id. 500   id.   id.   id.
3, » francs pour 200 piastres capital 3 % espagnol extér.
10,50   id.   id. 1200   id.   id.   id.

Angleterre

1° *Effets de commerce : 1/2 °/₀₀*

Le droit de timbre est réglé comme suit :
1 denier st. jusqu'à 5 livres sterling inclusivement.
2   id.   de   5 à   10 livres sterling.
3   id.   de 10 à   25   id.
6   id.   de 25 à   50   id.
1 shilling de   50 à 100   id.
2   id.   de 100 à 200   id.

Et ainsi de suite en augmentant de 1 shilling par chaque centaine commencée.

Les effets tirés de l'étranger ne sont soumis au timbre qu'après avoir été endossés en Angleterre.

2° *Chèques :* 1 denier sterling, sans tenir compte de l'importance de la somme.

3° *Coupons et Dividendes des effets publics étrangers :* 2 deniers sterling par livre sterling, plus ou moins.

Tous les coupons ou dividendes payables en Angleterre sont passibles de *l'income tax*, impôt sur le revenu. Les porteurs de titres étrangers peuvent s'affranchir de cet impôt au moyen d'un certificat de propriété légalisé appelé *affidavit* ; mais les valeurs anglaises le supportent inévitablement.

4° *Actions et Obligations étrangères :* 1/8 °/₀

Ce droit de timbre est ainsi réglé :
8 deniers sterling jusqu'à 25 livres sterling.

1 1/4 shilling	de	25 à 50	id.
2 1/2 id.	de	50 à 100	id.
3 3/4 id.	de	100 à 150	id.
5 » id.	de	150 à 200	id.
6 1/4 id.	de	200 à 250	id.
7 1/2 id.	de	250 à 300	id.
10 id.	de	300 à 400	id.

Et ainsi de suite en augmentant de 2 1/2 shillings par chaque centaine de livres commencée.

Pays-Bas

1° *Effets de commerce :* 0,69 °/₀₀

Le droit de timbre est réglé comme suit :
21 cents jusqu'à 300 florins.
34 1/2 id. de 300 à 500 florins.
69 » id. de 500 à 1000 id.
1,03 1/2 florins de 1000 à 1500 id.
1,38 » id. de 1500 à 2000 id.
Et ainsi de suite en augmentant de 34 1/2 cents pour 500 florins ou de 0,69 par 1000 florins.

2° *Effets créés dans les Pays-Bas et payables à l'étranger :*
0,34 1/2 °/₀₀, savoir :

21 cents jusqu'à 600 florins.
3/4 1/2 cents de 600 à 1000 florins.
69 cents de 1000 à 2000 florins.

Et ainsi de suite en augmentant de 34 1/2 cents par 1000 florins.

3° *Effets publics* : 0,69 °/₀₀ savoir :

34 1/2 cents jusqu'à 500 florins.
69   id.   de 500 à 1000 id.

Et le reste comme pour les effets de commerce en augmentant de 34 1/2 cents par 500 florins.

Tous les titres dont les intérêts sont payables en Hollande doivent porter le timbre des Pays-Bas pour être négociés. L'évaluation des francs, des livres sterling, des thalers et des reichsmarks se fait d'après les changes fixes.

Allemagne

Timbre : 1/2 °/₀₀, savoir :

10 pfennig jusqu'à 150 reichsmarks.
15   id.   de   150 à 300 id.
30   id.   de   300 à 600 id.

Et ainsi de suite en augmentant de 15 pfennig par 300 reichsmarks.

Les effets stipulés en monnaie étrangère sont évalués comme suit :

80, »	reichsmarks pour	100	francs ou lire.
20,25	id.	» 1	livre sterling.
12, »	id.	» 7	florins des Pays-Bas.
2, »	id.	» 1	florin d'Autriche effectif.
255, »	id.	» 150	id. papier.
4,25	id.	» 1	dollar effectif.
3, »	id.	» 1	id. papier.
3,20	id.	» 1	rouble effectif.
2,55	id.	» 1	id. papier.
9, »	id.	» 2	milreis.

Autriche-Hongrie

1° *Timbre* 2/3 $°/_{00}$, savoir :

5 kreutzers jusqu'à 75 florins.
10   id.   de   75 à 150 florins.
20   id.   de 150 à 300   id.

Et ainsi de suite en augmentant de 10 kreutzers par 150 florins ou de 1 florin par 1500 florins.

2° *Impôts sur les intérêts des fonds publics autrichiens*

16 $°/_{o}$ sur le 5 $°/_{o}$ converti.
20 $°/_{o}$ sur les lots de 1854 et 1860.

L'impôt de 20 $°/_{o}$ frappe les lots gagnants des fonds de l'Etat, déduction faite de la valeur nominale du titre et un impôt de 15 $°/_{o}$ est aussi supporté par les autres lots.

Enfin il y a un impôt de 10 $°/_{o}$ sur les obligations foncières autrichiennes, sur celles des chemins de fer et des bateaux du Danube 5 $°/_{o}$, et un impôt de 7 $°/_{o}$ sur les obligations foncières hongroises.

Russie

1° *Effets de commerce créés ou payables en Russie*

Le tarif tout particulier à la Russie est ainsi établi :

5 kopecks jusqu'à 50 roubles
10   id.   de   50 à   100 roubles
15   id.   de   100 à   200 id.
25   id.   de   200 à   300 id.
35   id.   de   300 à   400 id.
45   id.   de   400 à   500 id.
50   id.   de   500 à   600 id.
60   id.   de   600 à   700 id.
70   id.   de   700 à   800 id.
75   id.   de   800 à   900 id.
80   id.   de   900 à 1000 id.
1,30 roubles de 1000 à 1500 id.
1,70 id.   de 1500 à 2000 id.
2,50 id.   de 2000 à 3200 id.
3,50 id.   de 3200 à 4000 id.
4,50 id.   de 4000 à 6400 id.

6, » roubles de 6400 à 8000 roubles
7,50 id. de 8000 à 10000 id.
9, » id. de 10000 à 12000 id.
10,50 id. de 12000 à 15000 id.
14, » id. de 15000 à 20000 id.
18, » id. de 20000 à 25000 id.
22, » id. de 25000 à 30000 id.
28, » id. de 30000 à 40000 id.
36, » id. de 40000 à 50000 id.

Le change pour le timbre est réglé comme suit :

1 rouble pour 4 francs.
1 id. — 38 deniers sterling.
1 id. — 1,90 florins des Pays-Bas.
1 id. — 3,30 reichsmarks.
1 id. — 1,60 florins d'Autriche.

2° *Fonds publics* : 1/2 °/ₒₒ

75 kopecks pour 1500 roubles ou 15 kopecks pour 300 roubles.
1 rouble de 1500 à 2000 roubles.
1,50 id. de 2000 à 3000 id.

Et ainsi de suite en augmentant de 50 kopecks par chaque 1000 roubles.

Belgique

1° *Effets créés ou payables en Belgique :* 1/2 °/ₒₒ, savoir .
10 centimes jusqu'à 200 francs.
25 id. de 200 à 500 francs
50 id. de 500 à 1000 id.
1 franc de 1000 à 2000 id.
1,50 id. de 2000 à 3000 id.

Et ainsi de suite en augmentant de 50 centimes par chaque 1000 francs commencés

2° *Effets de Commerce étrangers circulant en Belgique :* 1/4 °/ₒₒ; savoir :

10 centimes jusqu'à 200 francs.
15 id. de 200 à 500 francs
25 id. de 500 à 1000 id.

Et ainsi de suite en augmentant de 25 centimes par chaque 1000 francs commencés.

Suisse

Effets créés ou payables en Suisse

Les tarifs sont de :

1/5 °/oo pour le canton de Bâle,
1/4 °/oo pour ceux de Fribourg et de Vaud,
1/2 °/oo pour ceux de Genève et du Tessin,
1 °/oo pour celui du Valais.

Les autres cantons n'ont pas encore de tarif établi.

Italie

Effets créés ou payables en Italie : 6/10 °/oo

Ce droit est réglé comme suit :

5 centesimi jusqu'à 100 lire
10   id.   de   100 à   200 lire
18   id.   de   200 à   300 id.
36   id.   de   300 à   600 id.
60   id.   de   600 à 1000 id.
1,20 lire   de 1000 à 2000 id.

Et ainsi de suite en augmentant de 60 centesimi par 1000 ou fraction de 1000 lire.

Les chèques sont soumis aux mêmes droits de timbre.

DROITS DE COURTAGE

Paris

1° *Effets de commerce*

1/8 °/o payable par le vendeur

2° *Valeurs de Bourse*

EXTRAIT DES DÉLIBÉRATIONS DE LA CHAMBRE SYNDICALE

Tarif légal

La loi confère aux Agents de change le droit de percevoir comme courtage, le quart d'un franc par cent francs, payable par le vendeur et autant par l'acheteur, sur toutes les négociations dont ils sont chargés, indistinctement.

Tarif minimum

Toute réduction sur les droits indiqués dans le tarif *minimum* rendrait l'agent de change passible de pénalités très-sévères de la part de la Chambre syndicale.

Droit à 1/4 %

Tous les effets publics ou particuliers dont la négociation est faite en vertu de pièces contentieuses, d'un jugement, d'une délibération de conseil de famille ou d'un acte authentique prescrivant un remploi. (Toute pièce autre qu'une simple procuration est réputée pièce contentieuse et nécessite rigoureusement la perception de (1/4 o/°.)

Droit à 1/8 %

Rentes françaises *(au comptant)*.
Bons du Trésor.
Fonds publics étrangers *(au comptant)*.
Emprunts des départements, villes ou établissements publics.
Actions et Obligations des Compagnie de chemins de fer français *(au comptant et à terme)* et étrangers *(au comptant)*.
Et généralement toutes les Actions ou Obligations dont la négociation à la Bourse est autorisée.
Le droit à 1/8 % est dû en outre pour toutes certifications de signatures données par les Agents de change, lorsqu'elles ne se rapportent directement ni à un achat ni à une vente.

Droit à 1/10 %

Pour les opérations à terme, sur toutes les valeurs qui sont soumises à la double liquidation.

Minimum du courtage à terme

Pour les opérations à terme, sur les rentes françaises : 20 fr. par 1500 fr. de rente 3 0/0 et 2250 fr. de rente 4 1/2 % ;... 25 fr. par 2500 de rente 5 % ;... successivement dans la même proportion.
Pour les opérations à terme, sur la Rente italienne 5 % : 25 fr. par 2500 fr. de rente ;... successivement dans la même proportion.

Pour toute valeur négociée à terme, qu'elle se liquide une ou deux fois par mois, le *minimum* du courtage sera de 50 centimes par Action ou Obligation.

Minimum de chaque négociation

Pour toute négociation, sur laquelle le courtage serait inférieur à 1 fr., le *minimum* du courtage sera de 1 fr.

Londres

1° *Effets de commerce*

1 °/₀₀ sur la valeur effective.

2° *Valeurs de Bourse*

Ces droits, très-variables, sont de :
1/16 à 1/8 % pour les fonds anglais et étrangers.
1 shilling % pour les bons du Trésor.
1/4 à 1/2 % sur la valeur effective des actions de chemins de fer anglais.
1/2 à 1 shilling par action pour les autres actions au porteur.
1/2 à 1 1/4 shilling id.   id.   nominales.
1/32 °/₀ sur la valeur nominale des actions au-dessous du pair ou
1/8 °/₀ sur leur valeur effective.

Amsterdam

1° *Effets de commerce*

1 °/₀₀ sur la valeur effective.

2° *Valeurs de Bourse.*

1/8 % environ pour les fonds hollandais et étrangers.
1/8 à 1/2 florin par action ou obligation cotée en florins.
1/16 % sur la valeur nominale des fonds turcs, espagnols et péruviens.

Berlin

1° *Effets de commerce*

1/2 °/$_{oo}$ plus ou moins pour les effets sur l'étranger.

1/4 °/$_{oo}$ pour les effets de la place.

2° *Valeurs de Bourse*

1/2 °/$_{oo}$ payable par l'acheteur et le vendeur sur les fonds d'Etats et autres valeurs.

20 reichmarks par action ou obligation des chemins de fer Lombards, Autrichiens et autres.

Vienne

1° *Effets de commerce*

2/5 à 1/2 °/$_{oo}$ pour les effets sur l'étranger.

2° *Valeurs de Bourse*

1/2 °/$_{oo}$ sur les effets publics.

1/2 °/$_{oo}$ sur la valeur effective des actions et obligations négociées par unité.

St-Pétersbourg

1° *Effets de commerce*

1/8 % sur les effets étrangers.

2° *Valeurs de Bourse*

1/8 % sur les effets publics et autres titres.

50 kopecks par unité sur les actions des Banques.

15 id. par unité sur les actions des chemins de fer.

Bruxelles

1° *Effets de commerce*

3/4 à 1 °/$_{oo}$ payable par l'acheteur et le vendeur.

2° *Valeurs de Bourse*

1 $^o/_{oo}$ sur la valeur effective.

Suisse

1° *Effets de commerce*

1/4 à 1/2 $^o/_{oo}$ sur les effets étrangers.

2° *Valeurs de Bourse*

1/2 $^o/_{oo}$ sur la valeur effective des fonds publics et des actions.
1 $^o/_{oo}$ à 8 % sur la valeur nominale des obligations.

Italie

1° *Effets de commerce*

1/2 à 1 $^o/_{oo}$ payable par l'acheteur et le vendeur, sauf à Rome où il descend quelquefois à 1/4 $^o/_{oo}$.

2° *Valeurs de Bourse*

1/4 $^o/_{oo}$ pour la rente italienne.
1/2 à 1 $^o/_{oo}$ sur la valeur nominale des actions et obligations ou 25 centesimi par titre.

FRAIS DE TRANSPORT, FRET ET ASSURANCE
DES MATIÈRES D'OR ET D'ARGENT

Ces frais, très variables, peuvent être évalués approximativement comme suit :

De Paris en province par chemins de fer selon les tarifs, sur lesquels on peut obtenir une réduction pour de fortes sommes.

1/2 à $^5/_8$ $^o/_{oo}$	de Paris au Havre.
1 $^1/_4$ à 1 $^1/_2$ $^o/_{oo}$	id. à Lyon & Bordeaux.
2 à 2 ½ $^o/_{oo}$	id. à Marseille.
2 à 2 ½ $^o/_{oo}$	id. à Londres — pour l'argent.
2 $^o/_{oo}$	id. à id. — pour l'or.
2 ½ $^o/_{oo}$	id. à Amsterdam — pour l'argent.
2 $^o/_{oo}$	id. à id. — pour l'or.
1 $^1/_4$ à 1 ½ $^o/_{oo}$	id. à la frontière d'Allemagne.

2 $^1/_4$ à 2 $^1/_2$ $^o/_{oo}$ de Paris à Vienne.
2 ¼ $^o/_{oo}$ id. à St-Pétersbourg.
1 $^1/_4$ $^o/_{oo}$ id. à Bruxelles — pour l'argent.
1 $^o/_{oo}$ id. à   id.   — pour l'or.

A ces frais il faut ajouter :
1/2 $^o/_{oo}$ environ pour l'assurance.

APPLICATION DES FRAIS AUX PARITÉS

Nous avons dit au commencement de ce chapitre que les frais dont il faut tenir compte dans les arbitrages s'ajoutent aux parités qui servent de prix d'achat et se retranchent des parités qui servent de prix de vente. Nous allons faire l'application de ces frais aux parités des Effets de commerce, des Matières métalliques et des Valeurs de bourse.

Application des Frais aux Effets de commerce

Si, prenant pour exemple dans la cote de Vienne chiffrée à Paris, la parité du Vienne, qui est de 206,06 francs, nous voulons la modifier, d'après les frais, nous trouverons que, sans avoir égard aux menus frais, timbres-poste et autres, il faut y ajouter ou en retrancher :

1º le timbre de France	1 1/2 $^o/_{oo}$	
2º id. d'Autriche	2/3 $^o/_{oo}$	
3º le courtage de Paris $^1/_8$ % ou	1 1/4 $^o/_{oo}$	
4º id. de Vienne	1/2 $^o/_{oo}$	
Ensemble	3 $^{11}/_{12}$, soit 4 $^o/_{oo}$	

Ainsi, pour le prix d'achat,
A la parité sans frais 206,06
Il faudra ajouter :
4 $^o/_{oo}$ de 206,06 .... »,82
         Et l'on aura pour total 206,88

Contrairement, pour le prix de vente,
De la parité sans frais, ... 206,06
Il faudra retrancher :
4 $^o/_{oo}$ de 206,06 .... » ,82
         Et l'on aura pour reste 205,24

Application des Frais aux Matières métalliques

Si, prenant pour exemple dans la cote de Londres chiffrée à Paris la parité de l'argent en barre, qui est de 24,73 francs, nous voulons la modifier d'après les frais, nous trouverons qu'il faut y ajouter ou en retrancher :

1° le transport................................	2 1/2	°/°°
2° l'assurance..................................	1/2	°/°°
3° le courtage de Paris.................	1 1/4	°/°°
4° id. de Londres...........	1	°/°°
Ensemble...........	5 1/4	°/°°

Ainsi pour le prix d'achat,
A la parité sans frais.. 24,73
Il faudra ajouter :
5 1/4 °/°° de 24,73... » ,13

Et l'on aura pour total......... 24,86

Contrairement, pour le prix de vente,
De la parité sans frais...................................... 24,73
Il faudra retrancher :
5 1/4 °/°° de 24,73... » ,13

Et l'on aura pour reste........... 24,60

Application des Frais aux Valeurs de Bourse

Si, prenant pour exemple dans la cote d'Amsterdam chiffrée à Paris la parité du 5 % Italien, qui est de 209,10 francs, nous voulons la modifier d'après les frais, nous trouverons qu'il faut y ajouter ou en retrancher :

1° le timbre de France............	1 1/2	°/°°
2° id. des Pays-Bas,..........	7/10	°/°°
3° courtage 1/8 % ou..................	1 1/4	°/°°
4° id. 1/8 % ou..................	1 1/4	°/°°
Ensemble...........	4 7/10	°/°°

Ainsi pour le prix d'achat,
A la parité sans frais.. 209,10
Il faudra ajouter :
4 7/10 °/°° de 209,10 .... » ,98

Et l'on aura pour total......... 210,08

Contrairement, pour le prix de vente,
De la parité sans frais 209,10
Il faudra retrancher :
4 7/10 °/$_{00}$ de 209,10....... .... » ,98
Et l'on aura pour reste........ 208,12

Ces trois exemples suffisent pour faire comprendre comment les frais s'ajoutent aux parités ou s'en retranchent, afin de les modifier selon l'usage auquel on les destine.

FIN

ABRÉVIATIONS

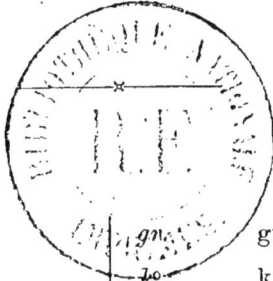

arg.	argent	*gr.*	gramme
A. Aut.	d'Autriche	*ko*	kilogramme
B.	de Belgique	*l. st.*	livre sterling
b. bén.	bénéfice	*lir.*	lire
		mr.milr.	milreis
cap.	capital	*m.*	mois
ch.f.	change fixe		
		on.	once
d. st.	denier sterling	*P. B.*	des Pays-Bas
dol.	dollar	*p.*	perte
		p.	piastre
esp.	espèces	*poids br.*	poids brut
év.	évaluation		
		rm.	reichsmark
fl.	florin	*r.*	rouble
fl. A.	florin d'Autriche		
fl. P. B.	florin des Pays-Bas	*sem.*	semaine
fr.	franc	*sh.*	shilling
fr. B.	franc de Belgique	*S.*	de Suisse
fr. S.	franc de Suisse		

TABLE DES MATIÈRES

HAVRE. — IMPRIMERIE A. LEMALE AÎNÉ, RUE DE BAPAUME, 3. — 2.7482